普通高等教育"十三五"规划教材

水利工程计算机辅助设计

主　编　刘建国

副主编　董　卫　于佐东

中国水利水电出版社
www.waterpub.com.cn
·北京·

内 容 提 要

本书介绍了计算机辅助设计的概念和功能，计算机辅助设计系统的组成及发展，工程项目中数据处理方法；较详细地介绍了 AutoCAD 2016 绘图的基本知识、图层管理、二维图形的绘制与编辑、图块及图案填充、文字、表格、尺寸标注、三维实体绘制与编辑；阐述了以 Visual Studio 2013（C♯编程语言）和 AutoCAD 2016 为开发平台的 AutoCAD. NET 二次开发的方法；最后介绍了应用 AutoCAD. NET 的二次开发方法进行水电站蜗壳的水力计算及图形绘制的实例。

本书可以作为能源动力类与水利水电工程类专业的本科生教材，同时也可供相关专业的工程技术人员参考。

图书在版编目（ＣＩＰ）数据

水利工程计算机辅助设计 / 刘建国主编. -- 北京 ：
中国水利水电出版社，2019.4
普通高等教育"十三五"规划教材
ISBN 978-7-5170-7801-2

Ⅰ．①水… Ⅱ．①刘… Ⅲ．①水利工程-计算机辅助
设计-AutoCAD软件-高等学校-教材 Ⅳ．
①TV222.1-39

中国版本图书馆CIP数据核字(2019)第134592号

书　　名	普通高等教育"十三五"规划教材 **水利工程计算机辅助设计** SHUILI GONGCHENG JISUANJI FUZHU SHEJI	
作　　者	主编　刘建国　　副主编　董　卫　于佐东	
出 版 发 行	中国水利水电出版社 （北京市海淀区玉渊潭南路１号Ｄ座　100038） 网址：www. waterpub. com. cn E - mail：sales@ waterpub. com. cn 电话：（010）68367658（营销中心）	
经　　售	北京科水图书销售中心（零售） 电话：（010）88383994、63202643、68545874 全国各地新华书店和相关出版物销售网点	
排　　版	中国水利水电出版社微机排版中心	
印　　刷	天津嘉恒印务有限公司	
规　　格	184mm×260mm　16 开本　12.25 印张　290 千字	
版　　次	2019 年 4 月第 1 版　2019 年 4 月第 1 次印刷	
印　　数	0001—1000 册	
定　　价	**30.00 元**	

前言

　　计算机辅助设计（computer aided design，CAD），是运用计算机软、硬件系统辅助人们对产品或工程进行设计的方法和技术。随着工程设计CAD技术的不断发展，其覆盖的领域也不断扩大。CAD在水利工程项目的管理、设计、分析计算、工程图绘制等方面也都得到了广泛的应用。AutoCAD是Autodesk公司开发的绘图软件包，它可以运行在不同的平台，是当前广泛使用的交互式图形软件。AutoCAD不仅提供了二维、三维图形的绘制，还提供了多种二次开发接口，如AutoLisp、VBA、ObjectARX、AutoCAD. NET等。

　　本书是结合作者多年的教学经验和科研，参考了许多相关文献编写而成的，力求体现CAD技术的系统性和实用性。

　　本书共分6章。第1章绪论，介绍了CAD的内涵、功能、应用与构成CAD支撑环境的硬件、软件系统。第2章工程数据的处理，讲述了工程数据处理的方法，即数据的程序化处理方法、文件化处理方法和数据库方法及这些方法的实现。第3章二维图形绘制，介绍了AutoCAD 2016绘图软件的基本知识、图层管理、二维图形的绘制和编辑、图块和区域填充、文字、表格及尺寸标注。第4章三维实体绘制，介绍了三维绘图环境的设置、基本三维图形的绘制、由二维图形生成三维图形、布尔运算及三维图形的编辑。第5章基于C♯. NET的AutoCAD二次开发，介绍了使用C♯对AutoCAD二次开发的流程、AutoCAD数据库、基于AutoCAD. NET进行基本图形对象的创建与编辑。第6章水电工程AutoCAD二次开发实例，介绍了在水电工程中AutoCAD. NET二次开发的应用实例。

　　本书附录中的程序是以Visual Studio 2013（C♯编程语言）和AutoCAD 2016中文版为开发平台进行调试，在部分程序中引用了DotNetARX. DLL动态链接库中的函数。

　　本书由刘建国担任主编，董卫、于佐东担任副主编。具体分工如下：第1

章、第 3 章 3.1 节、3.3 节至 3.5 节、第 5 章、第 6 章由刘建国（河北工程大学）编写，第 2 章由董卫（河北工程大学）编写，第 4 章由于佐东（河北工程大学）编写，第 3 章 3.2 节、3.6 节至 3.8 节由曹雅昌（水利部海河水利委员会海河下游管理局）编写。本书在编写过程中得到了河北工程大学水利水电学院的大力支持，书中参考了所列参考文献中的部分内容，在此一并表示感谢。

由于作者水平有限，书中难免有错误或不足之处，敬请读者批评指正。

作者

2019 年 1 月

目录

第1章 绪 论

20世纪70年代末以来，以计算机辅助设计技术为代表的新技术改革浪潮席卷了全世界，它不仅促进了计算机本身性能的提高和更新换代，而且几乎影响到全部技术领域，冲击着传统的设计方法。以计算机辅助设计这种高技术为代表的先进技术已经、并将进一步给人类带来巨大的影响和利益。计算机辅助设计技术的水平成了衡量一个国家工业技术水平的重要标志。

1.1 计算机辅助设计的概念

1. CAD 的定义

计算机辅助设计（computer aided design，CAD）是应用计算机硬、软件系统辅助人们对产品或工程进行设计的方法和技术；是在计算机环境下完成产品的创造、分析和修改，以达到预期设计目标的过程；它是综合了计算机科学与工程设计方法的最新发展而形成的一门新兴学科。CAD 技术的应用对于提高产品的设计效率和设计质量，增强产品的市场竞争力具有重要的作用。

2. CAD 的功能

工程设计的过程包括设计需求分析、概念设计、设计建模、设计分析、设计评价和设计表示，CAD 的功能就是在工程设计的过程中起相应的作用，如图1.1所示。

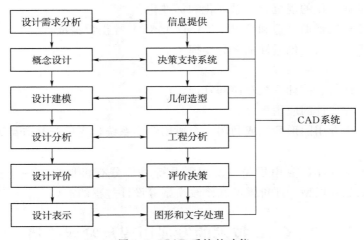

图 1.1 CAD 系统的功能

（1）信息提供。CAD 系统一般都有图形库和数据库，并且可以通过网络与其他大型信息库相连。在设计的需求分析阶段，设计师可以借助 CAD 系统查询所需的市场需求信息和各种与该产品设计制造相关的技术信息，从而对产品的功能、经济性和制造要求等方面做出科学的预测。

（2）决策支持系统。在概念设计过程中，要用到专家的知识、经验及创造性思维，可以应用人工智能中的专家系统建立决策支持系统，从而更好地解决结构方案选择等概念设计问题。

（3）几何造型。利用计算机技术，有效地将一些简单的几何形体组合成较复杂的三维图形，即在计算机屏幕上交互地构造和修改设计对象形体，并在计算机内建立三维几何模型。这种技术的采用，可以使设计师的感觉、空间想象能力和表现能力都得到延伸。通过几何造型，人与计算机之间可以实现图形信息的双向交流，设计师可面对屏幕上逼真的三维图形探索各种解决设计问题的方案。利用这种技术，可以把图形显示与结构分析、仿真模拟、评价等组合成一个有机的系统，设计师可对模型进行反复而又快速地分析、评价和修改，直至达到满意的结果。

（4）工程分析。CAD 的基础技术包括有限元分析、优化设计方法、可靠性设计方法、物理特性（如面积、体积、惯性矩等）计算、机械系统运动学和动力学分析、计算机模拟仿真以及各行各业中的工程分析问题等。

（5）评价决策。对设计的结果进行分析评价，判断设计是否满足设计的要求，若不满足设计要求，须进行相应的修改或再设计，直到满足设计要求为止。

（6）图形和文字处理。利用图形支撑软件进行二维图形绘制和三维建模，并进行图形文件的输入和输出。利用文字编辑排版软件进行设计文档制作，如工艺指导文件、产品设计说明书等。

3．CAD 技术的优越性

（1）可以提高设计效率，缩短设计周期，减少设计费用。

（2）为产品最优设计提供有效途径和可靠保证。

（3）便于修改设计。

（4）利于设计工作的规范化、系列化和标准化。

（5）可为计算机辅助制造和检测（CAM、CAT）提供数据准备。

（6）有利于设计人员创造性的充分发挥。

4．CAD 的主要任务

（1）完成设计信息的计算机存储和管理。

（2）开发工程设计的应用程序。

（3）建立一个专用图形系统或利用一个通用图形系统，完成产品造型和工程图绘制等任务。

（4）将工程数据库、应用程序以及图形系统等部分有机地组成一个完整的 CAD 系统，以适应反复建立模型、评价模型和修改模型等设计过程的需要。

1.2 CAD 技术的发展历程及发展趋势

1.2.1 CAD 技术的发展历程

计算机辅助设计主要是用于研究如何用计算机及其外围设备和图形输入输出设备来帮

助人们进行工程和产品设计的技术，它是随着计算机及其外围设备、图形设备以及软件技术的发展而发展。在 CAD 技术的发展历程中主要经历了以下几个时期。

1. 准备和诞生时期（20 世纪 50—60 年代）

1950 年，美国麻省理工学院研制出旋风 1（WHIRLWIND 1）计算机采用了阴极射线管（CRT）图形显示器。1958 年，美国 Calcomp 公司研制出由数字记录仪发展成的滚筒式绘图机；美国 GerBer 公司把数控机床发展成平板式绘图机。20 世纪 50 年代，计算机由电子管组成，用机器语言编程，主要用于科学计算，图形设备仅仅具有输出功能，CAD 技术处于酝酿和准备阶段。20 世纪 50 年代末，美国麻省理工学院在 WHIRLWIND 计算机上开发了 SAGE 战术防空系统，第一次使用了具有指挥功能和控制功能 CRT，操作者可以用光笔在屏幕上确定目标。它预示着交互式图形生成技术的诞生，为 CAD 技术的发展做了必要的准备。

2. 蓬勃发展和进入应用时期（20 世纪 60 年代）

20 世纪 60 年代初，美国麻省理工学院的博士生 Ivan Sutherland 研制出世界上第一台利用光笔的交互式图形系统 Sketchpad。但在 20 世纪 60 年代，由于计算机及图形设备价格昂贵，技术复杂，只有一些实力雄厚的大公司才能使用这一技术。作为 CAD 技术的基础，计算机图形学在这一时期得到了很快的发展。20 世纪 60 年代中期出现了商品化的 CAD 设备，CAD 技术开始进入发展和应用阶段。

3. 广泛应用时期（20 世纪 70 年代）

20 世纪 70 年代推出了以小型机为平台的 CAD 系统。同时，图形软件和 CAD 应用支撑软件也不断充实提高。图形设备，如光栅扫描显示器、图形输入板、绘图仪等相继推出和完善。于是，20 世纪 70 年代出现了面向中小企业的 CAD 商品化系统。

4. 突飞猛进时期（20 世纪 80 年代）

20 世纪 80 年代，大规模和超大规模集成电路、工作站和精简指令集计算机（RISC）等的出现使 CAD 系统的性能大大提高。与此同时，图形软件更趋成熟，二维、三维图形处理技术，真实感图形技术，有限元分析、优化，模拟仿真，动态景观，科学计算可视化等方面都已进入实用阶段。

5. 日趋成熟时期（20 世纪 90 年代）

这一时期的发展主要体现在以下几个方面：CAD 标准化体系进一步完善；系统智能化成为又一个技术热点；集成化成为 CAD 技术发展的趋势；科学计算可视化、虚拟设计、虚拟制造技术是 20 世纪 90 年代 CAD 技术发展的新趋向。

1.2.2　CAD 的发展趋势

CAD 技术的未来发展集中体现在集成化、网络化、智能化、标准化的实现上，是现代 CAD 技术所追求的目标。

1. 集成化

为适应设计与制造自动化的要求，特别是适应计算机集成制造系统（CIMS）的要求，进一步提高 CAD 的集成化水平是 CAD 技术发展的一个重要方向。集成化形式之一是 CAD/CAM 集成系统，该系统可进行运动学和动力学分析、零部件的结构设计和强度设计、自动生成工程图纸文件、自动生成数控加工所需数据或编码，用以控制数控机床进行加工制造，即可实现所谓的"无图纸生产"。CAD/CAM 进一步集成是将 CAD、CAM、CAPP、NCP、PDM 等集成为 CAE，使设计、制造、工艺、数控编程、数据管理和测试工作一体化。

2. 网络化

随着科学技术和经济水平的快速发展，近十几年来不断出现超大型项目和跨国界项目，这些项目的突出特点是参与工作的人员众多，且地理分布较广泛。而项目本身又要求各类型的工作人员紧密合作，如汽车新车型的设计，就需要功能设计师、制造工艺师、安全设计师等多学科专家的共同工作。可见，现代设计强调协同设计。协同设计是指在计算机的支持下，各成员围绕一个设计项目，承担相应部分的设计任务，并行交互地进行设计工作，最终得到满足要求的设计结果的设计方法。协同设计需要多学科专家的协同工作，而实现这一协作的基础就是计算机网络和多媒体技术。

3. 智能化

传统的 CAD 技术在工程设计中主要用于计算分析和图形处理等方面，对于概念设计、评价、决策及参数选择等问题的处理却颇为困难，因为这些问题的解决需要专家的经验和创造性思维。因此将人工智能技术、知识工程技术与 CAD 技术结合起来，形成智能化 CAD 系统是工程 CAD 发展的必然趋势。

4. 标准化

随着 CAD 技术的发展，工业标准化问题越来越显示出其重要性。迄今已制定了许多标准，例如：计算机图形接口（CGI）、计算机图形文件标准（CGM）、计算机图形核心系统（GKS）、面向程序员的层次交互式图形规范（PHIGS）、基于图形转换规范（IGES）和产品数据转换规范（STEP）等。此外，在航空、航天、汽车等行业中，针对某种 CAD 软件的应用也已经制定了行业的 CAD 应用规范。随着技术的进步，新标准还会不断地推出。这些标准对 CAD 系统的开发和 CAD 技术的应用起着指导性的作用。

1.3 CAD 技 术 的 应 用

CAD 技术目前已广泛应用于国民经济的各个方面，其主要的应用领域有以下几个方面。

1. 制造业中的应用

CAD 技术已在制造业中广泛应用，其中以机床、汽车、飞机、船舶、航天器等制造业应用最为广泛。众所周知，一个产品的设计过程要经过概念设计、详细设计、结构分析和优化、仿真模拟等几个主要阶段。同时，现代设计技术将并行工程的概念引入到整个设计过程中，在设计阶段就对产品整个生命周期进行综合考虑。当前先进的 CAD 应用系统已经将设计、绘图、分析、仿真、加工等一系列功能集成于一个系统内。在图形工作站平台上运行的常用的 CAD 软件有 UG、CATIA、PRO/E、I—DEAS 等，在 PC 平台上运行的 CAD 应用软件主要有 SolidWorks、MDT、SolidEdge 等。目前二维 CAD 系统中 Autodesk 公司的 AutoCAD 是市场的主导。

2. 工程设计中的应用

CAD技术在工程领域中的应用有以下几个方面：

（1）建筑设计，包括方案设计、三维造型、建筑渲染图设计、平面布景、建筑构造设计、小区规划、日照分析、室内装潢等。

（2）结构设计，包括有限元分析、结构平面设计、框/排架结构计算和分析、高层结构分析、地基及基础设计、钢结构设计与加工等。

（3）设备设计，包括水、电、暖各种设备及管道设计。

（4）城市规划、城市交通设计，如城市道路、高架、轻轨、地铁等市政工程设计。

（5）市政管线设计，如自来水、污水排放、煤气、电力、暖气、通信（包括电话、有线电视、数据通信等）各类市政管道线路设计。

（6）交通工程设计，如公路、桥梁、铁路、航空、机场、港口、码头等。

（7）水利工程设计，如大坝、水渠、船闸、水电站厂房等。

（8）其他工程设计和管理，如房地产开发及物业管理、工程概预算、施工过程控制与管理、旅游景点设计与布置、智能大厦设计等。

3. 电气和电子电路方面的应用

CAD技术最早曾用于电路原理图和布线图的设计工作。目前，CAD技术已扩展到印刷电路板的设计（布线及元器件布局），并在集成电路、大规模集成电路和超大规模集成电路的设计制造中大显身手，并由此大大推动了微电子技术和计算机技术的发展。

4. 仿真模拟和动画制作

应用CAD技术可以真实地模拟机械零件的加工处理过程、飞机起降、船舶进出港口、物体受力破坏分析、飞行训练环境、作战方针系统、事故现场重现等。在文化娱乐界已大量利用计算机造型仿真出逼真的现实世界中没有的原始动物、外星人以及各种场景等，并将动画和实际背景以及演员的表演天衣无缝地接合在一起，在电影制作技术上大放异彩，制作出一个个激动人心的巨片。

5. 其他应用

除了在上述领域的应用外，CAD技术还应用在轻工、纺织、家电、服装、制鞋、医疗和医药乃至体育等方面。

1.4　CAD系统的软硬件技术基础

CAD系统是以计算机硬件为基础，系统软件和支撑软件为主体，应用软件为核心组成的面向工程设计问题的信息处理系统。

CAD系统与一般计算机系统的差别：一般计算机系统为计算机与外围设备；CAD系统为人与计算机及外围设备协调运行的系统。

1.4.1　CAD系统的硬件

CAD系统的硬件主要由主机、输入设备（键盘、鼠标、扫描仪等）、输出设备（显示器、打印机、绘图仪等）、信息存储设备（主要指外存，如硬盘、光盘、移动存储设备等）及网络设备等组成，如图1.2所示。

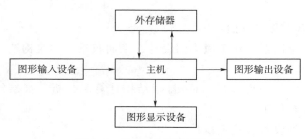

图 1.2　CAD 系统硬件的组成

1. 主机

主机由中央处理器（CPU）和内存储器组成，是 CAD 系统的核心。CPU 包括控制器和运算器两部分，控制器解释指令并控制指令的执行顺序，运算器执行算术运算和逻辑运算。衡量主机的性能指标主要有以下几个：

（1）运行速度。以 CPU 每秒可执行指令数目或每秒可进行多少次浮点运算来表示。常用以下指标来度量主机的运行速度：MIPS（百万条指令/秒）、Mflops（百万次浮点运算/秒）或时钟频率。

（2）字长。CPU 在一个指令周期内能从内存提取并进行处理的二进制数据位数称为字长。字长位数越多，表示 CPU 一次处理的数据量越大，主机的性能越好。

（3）内存容量。内存容量是描述主机存储能力和性能的主要指标，它通常以 MB 或 GB 为单位。

2. 外存储器

外存储器简称外存。虽然内存可以与 CPU 直接交换信息，存取速度快，但内存成本较高，其容量受到 CPU 直接寻址能力的限制，且在断电时信息会丢失。外存作为内存的后援，CAD 系统可将大量的程序、数据和图形存放在外存中，待需要时再调入内存进行处理。

常用的外存储器有硬盘、软盘、光盘等，随着存储技术的发展，尤其是移动存储技术的发展，移动硬盘、U 盘等移动存储设备成为了外存储设备的重要组成部分。

3. 图形输入设备

在 CAD 系统中，不仅要求用户能够快速输入图形，而且能够将输入的图形以人机交互的方式进行修改，以及对输入的图形进行图形变换（如缩放、平移、旋转）等操作。因此，图形输入设备在 CAD 硬件系统中占有重要的地位。

图形输入设备主要包括定位设备、数字化仪和图像输入设备。

（1）定位设备主要用于控制屏幕上的光标并确定它的位置。在窗口及菜单环境下，定位设备除定位功能外，还兼有拾取目标、对象选择、跟踪录入图形、输入数据等功能。此类设备主要包括鼠标、键盘、图形输入板及触摸屏等。

（2）数字化仪是将图像和图形的连续模拟量转换为离散的数字量的装置。

（3）图像输入设备包括扫描仪、数码摄像机、数码相机等，由这些设备输入的图像经数字化及图像处理后输出图形，这些输入方式已经成为 CAD 系统重要的输入方式。

4. 图形输出设备

图形输出设备包括图形显示设备、打印机、绘图仪等。

（1）图形显示设备。图形显示设备是 CAD 系统中重要的图形输入、输出设备，主要用于图形显示和人机交互。图形显示设备通常由显示器和图形适配器（简称显卡）两个设备单元组成。它不仅能实时显示所设计的图形，而且还能让设计者根据自己的意图对几何造型和工程图形进行增、删、改、移动等编辑操作。

显示器按显示画面的颜色，可分为单色显示器和彩色显示器。目前CAD系统大都使用彩色显示器。显示器件有阴极射线管（CRT）、液晶显示（LCD）、激光显示、等离子体显示等。当前最常用的是阴极射线管显示器和液晶显示器。阴极射线管一般是利用电磁场产生高速的、经过聚焦的电子束，通过磁场和电场的调整，偏转到屏幕的不同位置轰击屏幕表面的荧光材料而产生可见图形。液晶显示器通常是利用液晶的电光效应实现显示的。所谓电光效应是指在电的作用下，液晶分子的排列状态发生变化，从而使液晶盒的光学性质发生变化，也就是说电通过液晶对光进行了调制。

衡量显示器的性能指标是分辨率和显示速度。对光栅扫描显示器而言，沿水平和垂直方向单位长度上所能识别的光点数称之为分辨率（光点也称为像素）。对相同尺寸的屏幕，点数越多，点距越小分辨率就越高，显示的图形就越精细。目前微机显示器的分辨率通常有 800×600、1024×768、1280×1024、1440×900 等。

（2）打印机。打印机既能打印字符型文件，又能打印图形文件。打印机按印字原理可分撞击式与非撞击式两种。撞击式打印机是通过色带、针头将字符或图形印在纸上，这类打印机用得较多的是24针点阵打印机。常用的非撞击式打印机有激光打印机和喷墨打印机，该类打印机打印速度快，噪声低，是理想的汉字、图形、图纸输出设备。

（3）绘图仪。绘图仪是一种高速、高精度的图形输出设备，它可将已输入到CAD系统中的工程图样或在图形显示屏上已完成的设计图形绘制到图纸上。绘图仪按工作原理可分为笔式绘图仪和非笔式绘图仪两种。目前常用的是非笔式绘图仪，如静电绘图仪、喷墨绘图仪、激光绘图仪等，它们的绘图速度快、画面质量好、使用更方便。随着喷墨和激光打印技术的发展，性能价格比不断提高，近年来喷墨和激光绘图仪已渐渐取代笔式绘图仪而占据主流市场。

1.4.2　CAD系统的软件

计算机软件是指控制计算机运行，并使计算机发挥最大功效的计算机程序、数据以及各种文档。软件用来有效地管理和使用硬件，如实现人们所希望的各种功能要求，因此，软件水平的高低直接影响到CAD系统的功能、工作效率及使用的方便程度。

CAD系统的软件可分为3个层次，即系统软件、支撑软件和应用软件。

1. 系统软件

系统软件指操作系统和系统实用程序等，用于计算机的管理、控制和维护。系统软件有两大特点：一个是公用性，无论哪个应用领域都要用到它；另一个是基础性，各种支撑软件和应用软件都需要在系统软件支撑下运行。系统软件主要包括操作系统、编译系统和系统实用程序。

（1）操作系统。操作系统软件是整个软件的核心，它具有5项基本功能：内存分配管理、文件管理、外部设备管理、作业管理和中断管理。常用的计算机操作系统有DOS操作系统、Windows操作系统、UNIX操作系统、Linux操作系统等。现在广泛应用的Windows操作系统有Windows XP、Windows 7、Windows 10等。

（2）编译系统。计算机程序设计需要使用计算机语言，计算机语言的发展经历了机器语言、汇编语言、高级语言3个大的阶段。汇编语言必须由汇编程序（assembler）编译成机器语言，高级语言也必须用编译程序（compiler）编译成机器语言，才能由计算机识别和执行，这就是编译系统。可见，编译系统负责把设计者用汇编语言或高级语言编写的程序翻译成计算机能理解的机器代码。如 Fortran、C、VC＋＋等高级语言都有各自的编译系统。

（3）系统实用程序。系统实用程序是为方便用户对计算机系统进行维护和运行而提供的服务性程序，包括诊断程序、文本编辑程序、调试程序等。系统实用程序是在操作系统之上的第二层次软件，例如在操作系统 Windows XP 中，它包括了很多实用程序，如资源管理器、浏览器、收发电子邮件、传真、记事本、写字板、画图以及系统维护的工具软件等。

2. 支撑软件

支撑软件是由软件公司开发人员开发的，目的在于帮助人们高效、优质、低成本地建立并运行专业 CAD 系统的软件，它主要包括图形处理软件、几何建模软件、数据库管理系统、工程分析及计算软件、文档制作软件等几部分。

（1）图形处理软件。图形处理软件负责 CAD 的绘图，包括二维和三维图形的绘制。目前具有代表性的绘图软件有美国 Autodesk 公司推出的 AutoCAD 系列软件，生信国际有限公司推出的 SolidWorks 软件，美国参数技术公司推出的 Pro/E 软件，Unigraphics Solutions 公司推出的 UG 软件等。

（2）几何建模软件。为用户提供完整、准确地描述和显示三维几何形状的方法和工具，具有消隐、着色、浓淡处理、实体参数计算、质量特性计算等功能。微机 CAD 几何建模软件有 AutoCAD 及其附加模块 Designer、Pro/E、SolidWorks、UG 等。

（3）数据库管理系统。支持用户建立、使用和修改数据库中数据的软件称为数据库管理系统。数据库管理系统除了保证数据资源共享、信息保密、数据安全之外，还能减少数据库内数据的重复。用户使用数据库都是通过数据库管理系统，因而它也是用户与数据库之间的接口。目前市场上有大量商品化的数据库管理系统，如 Access、SQL Server、Sybase、Oracle 等，它们均属于关系型的商业用数据库管理系统，用于管理非图形数据。

（4）工程分析及计算软件。这类软件主要用来解决工程设计中的各类分析和数值计算问题，针对工程设计的需要，一般配置有以下软件：

1）计算方法库。解决各种数学计算问题，包括解微分方程、线性方程组、数值积分、有限差分、曲线拟合等的计算机程序。

2）优化方法软件。优化设计是在最优化数学理论和现代计算技术基础上，运用计算机求解设计的最佳方案。优化方法软件是将优化技术应用于工程设计，综合多种优化计算方法，为求解数学模型提供强有力的数学工具的软件，其目的是为了选择设计的最佳方案。

3）有限元分析软件。是利用有限元进行结构分析的软件，包括前置处理（单元自动剖分、显示有限元网格等）、计算分析和后置处理（将计算分析结果形象化为变形图、应力应变色彩浓度图及应力曲线图等）三部分。有限元分析在工程设计中的应用十分广泛。目前商品化有限元分析软件很多，较著名和流行的有 SAP、ADINA、ANSYS、NAS-TRAN等。

4）机构分析及机构综合软件。机构分析包括确定机构的位置、轨迹、速度、加速度、计算节点力、校验干涉、显示机构静态图和动态图等。机构综合是根据设计要求自动设计出一种机构。

5）系统动态分析软件。一般采用模态分析法，分析系统的噪声、振动等问题。

（5）文档制作软件。这类软件可以生成设计结果的各种报告、表格、文件、说明书等，可以对文本及插图进行各种编辑。

3. 应用软件

应用软件是用户为解决各类实际问题，在系统软件的支持下而设计、开发的程序，或利用支撑软件进行二次开发形成的程序，应用软件的功能和质量直接影响 CAD 系统的功能和质量。CAD 系统的应用软件应具有以下特点：

（1）能很好地解决工程实际问题。

（2）符合国家和行业标准及规范，尽量满足工程设计中的习惯。

（3）充分利用已有的软件资源，提高应用软件的开发效率。

（4）具有较高的设备无关性，便于运行于不同的硬件环境。

（5）具有良好的人机交互界面，运行可靠，维护简单。

1.5 CAD 在水利工程中的应用

随着现代信息技术和计算机软硬件的飞速发展，我国水利信息化水平得到大幅提高。在水利水电工程领域，应用信息技术较普及的是 CAD 技术，它使工程师摆脱了烦琐且精度低的传统手工绘图，三维造型和一些特定的水工建筑物 CAD 设计分析系统也增强了 CAD 的实用性。在信息化技术快速进步和巨大市场需求的背景下，三维设计以其可视化的巨大优势在国内外水电工程设计行业风生水起，在三维设计中，集成化的三维模型的各种信息相互关联，使得任何一个地方的设计或设计变更，只需在同一个地方完成即可，不仅可节省大量的设计时间，缩短设计周期，又能最大限度地减少差错、提高设计质量。三维设计已成为水利水电工程设计领域技术进步和创新发展的必然趋势。

CAD 技术在水利水利工程设计中的应用主要表现在以下方面。

1. 在地形地质方面的应用

利用 CAD 技术，通过等高数据可快速、准确地实现数字化的三维地形，并可以建立起诸如原始地貌、大坝、引水洞、开挖边坡等三维地形图。根据原始地貌、大坝以及周围环境的特点，可以设计出具有高仿真效果的图形，而且能随时根据环境的变化进行更新，具有较高的准确性，实现了实物与图形的较高匹配性。因为三维地形具有很强的仿真性，所以能够对其中任何复杂的部位进行体积等属性的计算，可以根据需要适时进行旋转、开挖、切剖等方面的操作。可以利用勘测数据对整个土石方量等进行准确、快速的计算。

2. 在水工设计方面的应用

在水利水电工程设计过程中，由于工程的复杂性往往是多专业协同进行，因此，采用骨架设计的模式，可以避免分散式的自下而上的设计方式的主要缺点，同时又不失灵活性，通过骨架可划分设计权限，实现并行设计、协同设计。在此基础上的参数化模板设计，与传统方式相比可快速建立三维形体结构，导入 CAE 分析软件及快速形成二维草图。对于部分工程，设计人员根据目前的 CAD 平面图、剖面图建立三维模型后，也使空间概念明确化，所生成的实体模型反过来可以对原平面图进行校核。同时通过多方反馈，大大提高了各方沟通的效率并减少了设计中一些显见的错误。利用三维设计进行地下空间关系的分析，可进行内部观察，了解各洞室之间的空间干扰距离及与断层之间的关系。

3. 在工程量计算方面的应用

在建立工程精确数值模型的基础上，进行精确坝体工程量的计算，能够精确计算各坝段各截面的面积、各点的坐标以及体积，其精度满足工程计量要求。对建筑物及地质分类建模后，还能够计算不同材料的用量，并进一步为概预算及施工期业主的材料供应计划提供科学的依据。

4. 在施工设计优化的应用

对于水利水电工程施工场地布置困难的地形，在明确彼此之间的制约条件的情况下，采用三维动态布置施工平台，能够方便快捷地得到所需结果并生成相应平面、剖面图。采用三维可视化模拟技术能更充分及直观考虑各种可行的方案，快速、方便地制定多种方案和进行进度分析，并能定量地分析各种施工措施对工程进度的影响。

5. 在水电站设计中的应用

在水电站机电设计中，CAD 主要应用于水轮机的选型设计，电气设备的选型计算，水电站辅助设备的选择，蜗壳尾水管的水力计算、平面图、断面图及三维图形的生成，调保计算，过流部件的 CFD 计算等。

习 题

1. 什么是计算机辅助设计？它的主要作用是什么？
2. CAD 技术的主要应用领域有哪些？
3. 计算机工作方式经历了哪几种变化？相应构成了哪几种类型的 CAD 系统？
4. CAD 系统的硬件主要有哪些？它们的作用是什么？
5. 常用的 CAD 系统外围设备有哪些？如何根据需要来配置 CAD 系统的外围设备？
6. CAD 的二次开发有哪些类型？

第2章 工程数据的处理

在工程设计中，经常需要引用一系列的数据资料，如图表、各种标准与规范、试验曲线等。在传统的设计过程中，这些资料的获得通常由人工查手册或标准来实现；在 CAD 过程中，这些工程数据可通过计算机进行处理。工程数据的处理方法包括程序化处理、文件化处理和数据库管理三种方式。

（1）程序化处理：在编程时将数据以一定的形式直接放于程序中。其特点为程序与数据结合在一起；缺点为数据无法共享，增大程序的长度。

（2）文件化处理：将数据放于扩展名为 .DAT 的数据文件中，需要数据时，由程序打开文件并读取数据。其特点为数据与程序作了初步的分离，实现了有条件的数据共享。缺点为文件只能表示事物而不能表示事物之间的联系；文件较长；数据与应用程序之间仍有依赖关系；安全性和保密性差。

（3）数据库管理：将工程数据存放到数据库中，可以克服文件化处理的不足。其特点为数据共享；数据集中；数据结构化，既表示了事物，又表示了事物之间的联系；数据与应用程序无关；安全性和保密性好。

由于 CAD 作业的性质以及数据处理的规模的大小不同，因而必须根据实际情况选用上述三种数据处理方式的其中一种。其选择原则是：有利于提高 CAD 作业的效率，降低开发的成本。当数据规模较小时，一般采用文件化管理方式；当数据规模较大时，采用数据库管理方式。

归纳起来，工程设计中的数表和线图的处理有如下方法：①将数表和线图转化为程序存入内存；②将数表和线图转化为文件存入外存；③将数表和线图转化为结构化数据存入数据库。

2.1 数表的程序化处理

程序化即在应用程序内部对数表和线图进行查询、处理和计算。具体方法有以下两种：

（1）将数表中的数据或线图离散化后，以一维、二维或三维数组形式存入计算机，用查表或插值的方法检索所需的数据。

（2）将数表或线图拟合成公式，将公式编程，计算所需的数据。

2.1.1 一维数表的程序化处理

一维数表是指一个自变量与一个函数值对应的数表，其函数表达式为 $Y_i = f(X_i)$。

【例 2.1】 计算轴流式水轮机轴向水推力的经验公式中，经验系数 K 值与叶片之间的关系，见表 2.1。

表 2.1　　　　　　　　　　　　　　　轴流式水轮机轴向水推力系数

叶片数/个	4	5	6	7	8
K	0.85	0.87	0.90	0.93	0.95

表 2.1 是一维数表，它的自变量与函数是一一对应关系，可把自变量与函数看作两个一维数组，用一维数组 Z[I] 表示叶片数，一维数组 K[I] 表示水推力系数。则

Z[I]＝{3，4，5，6，7，8}；
K[I]＝{0.83，0.85，0.87，0.90，0.95}；

C 语言程序如下：

```
# include "stdio. h"
void main(int argc,char * argv[])
{　int i,Z1,ip＝10；
    int Z[10]＝{3,4,5,6,7,8}；
    double K[10]＝{0.83,0.85,0.87 ,0.90,0.93,0.95}；
    printf("请输入转轮叶片数 Z1:")；
    scanf("%d",&Z1)；
    for(i＝0;i<6;i++)
        if(Z[i]＝＝Z1)　{
            ip＝i；
            break；　}
    if(ip<10)
        printf("\n 当叶片数 Z＝%d 时,水推力系数 K＝%f",Z[ip],K[ip])；
    else
        printf("\n 输入错误!")；
}
```

2.1.2　二维数表的程序化处理

二维数表又叫双变量数表，它是有两个自变量查取一个对应函数的数表，二维数表的函数表达式为 $Z＝f(x,y)$，在工程上二维数表有不同的来源，有通过解析计算所得到的数表，有通过试验方法所得到的数表，还有通过统计方法获得的经验参数表。

【例 2.2】　水轮机效率特性参数就是二维数表，它通过水轮机模型试验而获得，表达水轮机效率 η 与水轮机单位流量 Q'_1 与单位转速 n'_1 之间的关系，见表 2.2。

表 2.2　　　　　　　　　　　　　　　某水轮机效率特性系数

水轮机单位转速 n'_1	水轮机单位流量 Q'_1					
	700	800	900	1000	1100	1200
90	0.740	0.780	0.800	0.810	0.820	0.822
85	0.805	0.820	0.840	0.850	0.865	0.860
80	0.822	0.850	0.870	0.882	0.890	0.870
75	0.845	0.870	0.900	0.905	0.900	0.870

续表

水轮机单位转速 n_1'	水轮机单位流量 Q_1'					
	700	800	900	1000	1100	1200
70	0.850	0.882	0.905	0.910	0.900	0.870
65	0.840	0.880	0.904	0.905	0.890	0.860

水轮机效率特性曲线计算机处理方法如下：

用一维数组 N1 [I] 表示数表中参数 n_1'，一维数组 Q1 [J] 表示数表中参数 Q_1'，再用二维数组 E [I] [J] 表示数表中的效率 η。

N1[I]={90,85,80,75,70,65};
Q1[J]={700,800,900,1000,1100,1200};
E[I][J]={{0.740,0.780, 0.800, 0.810, 0.820, 0.822},
　　　　{0.805, 0.820, 0.840, 0.850, 0.865, 0.860},
　　　　{0.822, 0.850, 0.870, 0.882, 0.890, 0.870},
　　　　{0.845, 0.870, 0.900, 0.905, 0.900, 0.870},
　　　　{0.850, 0.882, 0.905, 0.910, 0.900, 0.870},
　　　　{0.840, 0.880, 0.904, 0.905, 0.890, 0.860}};

C 语言程序如下：

```c
#include "stdio. h"
#include "math. h"
void main()
{int   i,j,N11,Q11,ip=10,jp=10;
int N1[10]={90,85,80,75,70,65};
int Q1[10]={700,800,900,1000,1100,1200};
double E[10][10]={{0.740, 0.780, 0.800, 0.810, 0.820, 0.822},
      {0.805, 0.820, 0.840, 0.850, 0.865, 0.860},
      {0.822, 0.850, 0.870, 0.882, 0.890, 0.870},
      {0.845, 0.870, 0.900, 0.905, 0.900, 0.870},
      {0.850, 0.882, 0.905, 0.910, 0.900, 0.870},
      {0.840, 0.880, 0.904, 0.905, 0.890, 0.860}};
printf("请输入单位转速 N11:");
scanf("%d",&N11);
for(i=0;i<6;i++)
    if(N1[i]==N11)   {
       ip=i;       break;   }
printf("请输入单位流量 Q11:");
scanf("%d",&Q11);
for(j=0;j<6;j++)
    if(Q1[j]==Q11)   {
        jp=j;       break;   }
```

```
if(ip<10 && jp<10)
printf("\n 当 N11＝%d,Q11＝%d 时,E＝%f",N1[ip],Q1[jp],E[ip][jp]);
else    printf("\n 输入错误!");
}
```

【例 2.3】　在设计冲裁凹模时,凹模刃口与边缘、刃口与刃口之间必须有足够的距离,见表 2.3,试对该表进行程序化处理。

表 2.3　　　　　　　　　冲裁凹模刃口与边缘、刃口与刃口之间的距离　　　　　　　　　单位：mm

料　宽	料　厚			
	<0.8	0.8~1.5	1.5~3.0	3.0~5
<40	22	24	28	32
40~50	24	27	31	35
50~70	30	33	36	40
70~90	36	39	42	46
90~120	40	45	48	52
120~150	44	48	52	55

从表 2.3 可以看出,决定凹模刃口与边缘、刃口与刃口之间距离的自变量有两个,即料厚和料宽,这可以归结为一个二维数表问题。

在对该类数表进行程序化处理时,可将表中的刃口与边缘、刃口与刃口之间的距离值记录在一个二维数组中 Distance[6][4],将两个自变量料宽和料厚分别定义为一个一维数组 Thick[6]、Width[4],通过下标引用的方式实现查寻。

C 语言程序如下：

```
#include "stdio.h"
void main(void)
{   int i,j,ip＝10,jp＝10;float w,t;/* 定义用户输入的料厚、料宽变量 */
    float Width [6]＝{40,50,70,90,120,150};/* 定义表格中的料厚(一维数组),并初始化赋值 */
double Thick [4]＝{0.8,1.5,3.0,5.0};/* 定义表格中的料宽(一维数组),并初始化赋值 */
double Distance[6][4]＝{{22,24,28,32},{24,27,31,35},{30,33,36,40},
{36,39,42,46},{40,45,48,52},{44,48,52,55}}; /* 定义距离值(二维数组),并初始化赋值 */
printf("please input width of material：w＝");
scanf("%f",&w);    /* 输入料宽值 */
printf("please input thick of material：t＝");
scanf("%f",&t);    /* 输入料厚值 */
for (i＝0；i<6；i++)   if(w <= Width[i]) {ip=i; break;}
for (j＝0；j<4；j++)   if(t <= Thick[j]) {jp=j; break;}
if(ip<10&&jp<10)
    printf("The distance between：%f",Distance[ip][jp]); /* 输出距离值 */
else
    printf("输入错误");
}
```

2.2 数表的文件化处理

数表的文件化处理简单、方便、快捷，一般适用于数据不变化且数据量不大的情况。文件化处理是将工程数据以文件的形式存储在磁盘上，在程序运行过程中，打开文件读取数据。文件是顺序存储的文本文件，数据变化时，只需要改变文件，程序不变。数据文件的生成可用编辑软件生成或程序生成。

1. 数据文件的建立

（1）用编辑软件生成数据文件。文本格式的数据文件格式比较简单，可以通过多种方法建立这种类型的数据文件，如用 Windows 的记事本或写字板，也可以用各种文本编辑软件建立。

（2）使用程序建立数据文件。在 C 语言中使用文件操作的函数建立数据文件，首先打开数据文件，再向文件中写数据，将数据写入文件后，关闭文件。

2. 文件的读取与检索

【例 2.4】 由小链轮齿数 Z 查取齿数系数 K 的文件化处理，表 2.4 为小链轮齿数 Z 查取齿数系数 K 的关系。

表 2.4　　　　　　　小链轮齿数 Z 查取齿数系数 K 关系

Z	9	11	13	15	17	19	21
K	0.446	0.555	0.667	0.775	0.893	1.0	1.12
Z	23	25	27	29	31	33	35
K	1.23	1.35	1.46	1.58	1.70	1.81	1.94

建立数据文件 ZK.DAT 如下：

　　9 11 13 15 17 19 21 23 25 27 29 31 33 35

　　0.446 0.555 0.667 0.775 0.893 1.0 1.12 1.23 1.35 1.46 1.58 1.70 1.81 1.94

用 C 语言编程如下：

```
#include "stdio.h"
main()
{ int i,Z1,ip=20;
    int Z[14];
    float K[14];
    FILE * fp;
    fp=fopen("ZK.DAT","r");
    for(i=0;i<14;i++)    fscanf(fp,"%d",&Z[i]);
    for(i=0;i<14;i++)    fscanf(fp,"%f",&K[i]);
    fclose(fp);
    printf("请输入链轮齿数 Z1:");
    scanf("%d",&Z1);
    for(i=0;i<14;i++)
```

```
    if(Z[i]==Z1)    {
        ip=i;
        break;  }
    if(ip<20)
        printf("\n当 Z=%d 时,K=%f",Z[ip],K[ip]);
    else
        printf("\n输入错误!");
}
```

运行程序，提示如下：

请输入链轮齿数 Z1：

输入 21

在屏幕上输出：当 Z1＝21 时，K＝1.12000

2.3　数表的插值处理

在实际工程中，经常出现连续值被离散化的数表。虽然离散化后的自变量与函数值有一一对应关系，但对这类数表所完成的查询通常并非是给定的离散值，而是介于两个离散值之间，这时就要通过函数插值的方法来实现。

插值的基本思想是在插值点附近选取若干个合适的节点，过这些选取的点构造一个简单函数代替原函数，这样插值点的函数值就用构造函数的值来代替，作为原函数的近似值。

2.3.1　一元函数插值

一元函数插值就是在二维空间内选定若干个节点，通过这些选择点构造一段曲线（或直线）$g(x)$，用该曲线（或直线）近似地表示由选定点所确定区间上的原有曲线 $f(x)$，从而可得到插值后的函数值。

1. 线性插值

设有一用数据表格给出的列表函数 $y＝f(x)$，见表 2.5。

表 2.5　　　　　　　　　　　　函 数 表 $y＝f(x)$

x	x_1	x_2	x_3	...	x_i	x_{i+1}	...	x_{n-1}	x_n
y	y_1	y_2	y_3	...	y_i	y_{i+1}	...	y_{n-1}	y_n

线性插值步骤如下，如图 2.1 所示：

（1）选取两个相邻的自变量 x_i 和 x_{i+1} 且，$x_i<x<x_{i+1}$。

（2）用过点 (x_i,y_i) 和点 (x_{i+1},y_{i+1}) 的直线 $g(x)$ 代替原来的函数 $f(x)$，设插值函数为 $y＝a_0+a_1x$，

且满足插值条件：

$$y(x_i)＝a_0+a_1x_i＝y_i＝f(x_i) \tag{2.1}$$

$$y(x_{i+1})＝a_0+a_1x_{i+1}＝y_{i+1}＝f(x_{i+1}) \tag{2.2}$$

解方程组得 $a_0 = \dfrac{y_{i+1}x_i - y_i x_{i+1}}{x_i - x_{i+1}}$, $a_1 = \dfrac{y_i - y_{i+1}}{x_i - x_{i+1}}$

所以两个节点的插值多项式为

$$y = \frac{y_{i+1}x_i - y_i x_{i+1}}{x_i - x_{i+1}} + \frac{y_i - y_{i+1}}{x_i - x_{i+1}}x \qquad (2.3)$$

将式（2.3）可改写为如下形式：

$$y = \frac{x - x_{i+1}}{x_i - x_{i+1}}y_i + \frac{x - x_i}{x_{i+1} - x_i}y_{i+1} \qquad (2.4)$$

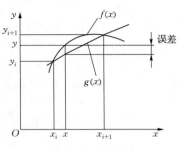

图 2.1　线性插值

【例 2.5】 已知函数 $y = \ln x$ 的函数表，见表 2.6。

表 2.6 x　与　y　的　关　系

x	10	11	12	13	14
y	2.3026	2.3979	2.4849	2.5649	2.6391

用线性插值求 $\ln 11.5$ 的近似值。

解：取两个节点 $x_i = 11$，$x_{i+1} = 12$，插值函数为

$$y = \frac{x - x_{i+1}}{x_i - x_{i+1}}y_i + \frac{x - x_i}{x_{i+1} - x_i}y_{i+1}$$

将 $x_i = 11$，$x_{i+1} = 12$，$y_i = 2.3979$，$y_{i+1} = 2.4849$，$x = 11.5$ 代入式（2.3）中，即得

$$\ln 11.5 \approx \frac{11.5 - 12}{11 - 12} \times 2.3979 + \frac{11.5 - 11}{12 - 11} \times 2.4849 = 2.4414$$

线性插值的 C 语言程序如下：

x[10]节点自变量数组；
y[10]节点函数值数组；
xi 插值节点自变量；
yi 插值节点函数值；

```
# include "stdio. h"
# include "math. h"
void main()
{
    int i,key1=0,ip=20;
    double x1,x2,xi,y1,y2,yi;
    double x[10]={10,11,12,13,14};
    double y[10]={2.3026,2.3979,2.484,2.5649,2.6391};
    printf("请输入插值节点 xi:\n");
    scanf("%lf",&xi);
    for(i=0;i<5;i++)
    {   if(fabs(x[i]-xi)<0.001)
        {   yi=y[i];
            key1=1;
            break;}
    }
```

17

```
if(key1==0)
    for(i=0;i<5;i++)
    {
    if(x[i]>xi){
        x1=x[i-1];
        y1=y[i-1];
        x2=x[i];
        y2=y[i];
        yi=y1+(y2-y1)*(xi-x1)/(x2-x1);
        ip=i;
        break;
        }
    }
if(ip<20)
    printf("\nx=%f,y=%f\n",xi,yi);
else
    printf("输入错误!");
}
```

2. 抛物线插值

一元函数线性插值的几何意义是在二维空间内选定两个点,过选择的节点构造一直线,在插值区间以直线代替曲线。线性插值虽然计算方便,但由于它用直线代替曲线,一般适用于插值区间 $[x_1, x_2]$ 较小,且 $f(x)$ 在 $[x_1, x_2]$ 上变化比较平缓的情况,否则线性插值可能产生较大误差。为了克服上述缺点,可用简单曲线代替复杂曲线。

抛物线插值就用过 3 个点的二次多项式函数 $y = a_0 + a_1 x + a_2 x^2$ 代替原来的函数 $f(x)$,如图 2.2 所示。

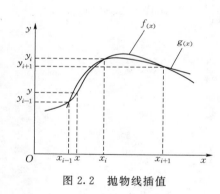

图 2.2 抛物线插值

设插值点为 (x, y),则有

$$y = \frac{(x-x_i)(x-x_{i+1})}{(x_{i-1}-x_i)(x_{i-1}-x_{i+1})} \times y_{i-1} + \frac{(x-x_{i-1})(x-x_{i+1})}{(x_i-x_{i-1})(x_i-x_{i+1})} \times y_i$$
$$+ \frac{(x-x_{i-1})(x-x_i)}{(x_{i+1}-x_{i-1})(x_{i+1}-x_i)} \times y_{i+1} \tag{2.5}$$

在数表中,如何选择合适的 3 个节点是保证抛物线插值精度的关键。在抛物线插值中,3 个节点的选取方法归纳如下。

(1) 如果插值节点 x 位于 x_{i-1} 与 x_i 之间。

1) 若 x 靠近 x_i,则补选 x_{i+1} 为节点,抛物线插值的 3 个节点为 x_{i-1}、x_i、x_{i+1}。

2) 若 x 靠近 x_{i-1},则补选 x_{i-2} 为节点,抛物线插值的 3 个节点为 x_{i-2}、x_{i-1}、x_i。

(2) 如果插值点位于表两端。

1）若 x 靠近表头，$x < x_2$，则选 x_1、x_2、x_3 3 个节点。

2）若 x 靠近表尾，$x > x_{n-1}$，则选 x_{n-2}、x_{n-1}、x_n 3 个节点。

【例 2.6】 已知混流式水轮机 HL200 飞逸特性曲线见表 2.7，用抛物线插值法求解当 $a_0 = 33$ 时飞逸转速 n_R 的值。

表 2.7　　　　　　　　　　　　水轮机 HL200 飞逸特性曲线

a_0 （x）	0	10	20	30	40	50
n_R （y）	0	100	116	123	127.5	128

解：$a_0 = 33$，则应取 3 点 $x1 = 20$、$x2 = 30$、$x3 = 40$，插值多项式为

$$y(n_R) = \frac{(x-30)(x-40)}{(20-30)(20-40)} \times 116 + \frac{(x-20)(x-40)}{(30-20)(30-10)} \times 123$$

$$+ \frac{(x-20)(x-30)}{(40-20)(40-30)} \times 127.5$$

$$= 0.58(x-30)(x-40) - 1.23(x-20)(x-40) + 0.6375(x-20)(x-30)$$

$$= -12.18 + 111.93 + 24.86 = 124.61$$

抛物线插值程序如下：

x[]——n 个元素的一维数组，存放给定表格自变量的值；

y[]——n 个元素的一维数组，存放给定表格的函数值；

n——表格中的节点数；

xi——插值节点；

yi——插值结果；

```c
#include "stdio. h"
double x[6]={0,10,20,30,40,50};
double y[6]={0,100,116,123,127.5,128};
double larg(double * x,double * y,int n,double xi);
void main()
{   double x1,y1;
    printf("\插值节点的取值范围 0－－－－－－－－50\n   x=");
    scanf("%lf",&x1);
    y1=larg(x,y,6,x1);
    printf("\n y=%.3f",y1);
}
double larg(double * x,double * y,int n,double xi)
{   int i=0,j=0,k=0;
    double x_r,x_l,m,yi;
    n－－;
    yi=0.0;
    if(xi<x[0]||xi>x[n])
    { printf("输入错误");
    exit(0);}
```

```
while(xi>x[i]&&i<n) i++;
x_r=x[i]-xi;
x_l=xi-x[i-1];
if(x_r>x_l) i=i-2;
    else i--;
if(i<0) i=0;
if(i>n-1) i=n-2;
for(k=i;k<=i+2;k++)
{        m=1.0;
    for(j=i;j<=i+2;j++)
    {if(j!=k)
    m=m*(xi-x[j])/(x[k]-x[j]);}
    yi=yi+m*y[k];
}
return(yi);
}
```

2.3.2　二元函数的插值

从几何意义上讲，二元函数插值是在三维空间内选定若干个节点，过这些选择点构造一曲面 $g(x,y)$，用该曲面近似的表示由选定点所确定区间上的原有曲面 $f(x,y)$，从而得到插值后的函数值。

二元函数插值可用直线-直线插值、抛物线-直线插值、抛物线-抛物线插值等，下面只介绍直线-直线插值。

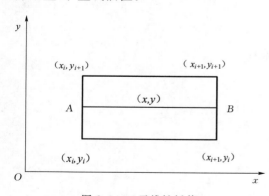

图 2.3　二元线性插值

已知二元函数 $F=f(x,y)$ 在平面坐标系 $x\sim y$ 中矩形网格上的 4 个插值节点（x_i, y_j）、（x_{i+1}, y_j）、（x_i, y_{j+1}）和（x_{i+1}, y_{j+1}），如图 2.3 所示，相应的函数值分别是 $F_{i,j}$、$F_{i+1,j}$、$F_{i,j+1}$ 和 $F_{i+1,j+1}$，若采用线性插值方法计算矩形区域 $x_i \leqslant x \leqslant x_{i+1}$，$y_i \leqslant y \leqslant y_{i+1}$ 内某点（x,y）的函数值 F，计算方法如下，

先取 $x=x_i$ 沿 y 方向计算：

$$F_A = F_{i,j} + \frac{y-y_{i,j}}{y_{i,j+1}-y_{i,j}}(F_{i,j+1}-F_{i,j})$$

(2.6)

计算图 2.3 中 A 点的函数值 F_A 再取 $x=x_{i+1}$，仍沿 y 方向计算。

$$F_B = F_{i+1,j} + \frac{y-y_{i+1,j}}{y_{i+1,j+1}-y_{i+1,j}}(F_{i+1,j+1}-F_{i+1,j})$$

(2.7)

计算图 2.3 中 B 点的函数值 F_B，这里点 A 即自变量为（x_i,y）的点，点 B 即自变量为（x_{i+1},y）的点求得 A，B 两点的函数值后再按下式：

$$F = F_A + \frac{x - x_i}{x_{i+1} - x_i}(F_B - F_A) \tag{2.8}$$

沿 x 方向计算出所求的 F 值。

上面以线性插值为例介绍了二元插值的基本方法，在具体的工程计算中，也采用抛物线插值或样条函数插值，在插值计算过程中，可以用同一种插值方法沿两个方向进行插值计算，也可以在某一方向采用一种插值方法进行计算，而在另一方向采用另一种插值方法进行计算，这要根据引用曲线的形状和计算精度要求而确定。

2.4 线图的程序化

在工程设计中，有许多设计数据是用线图给出的，利用给定的线图来查找所需要的系数或参数。通过利用线图的程序化，将这种人工的查找转变成在 CAD 进程中的高效、快速的处理。

线图的程序化有三种处理方法：①找到线图原有的公式；②将线图离散化为数表；③用曲线拟合方法求出线图的经验公式，再将公式编入程序。

2.4.1 线图的表格化处理

如果能把线图转换成表格，那么就可以使用数表的处理方法对其进行处理。现有图 2.4 所示线图，下面对其进行表格化处理，在图 2.4 所示线图上取 n 个节点 (X_1, Y_1) (X_2, Y_2) … (X_n, Y_n)，将其制成表格，见表 2.8。节点数取得越多，精度就越高。节点的选取原则是使各节点的函数值不致相差很大。

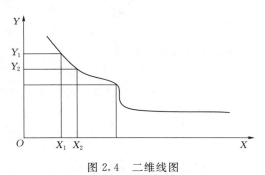

图 2.4 二维线图

表 2.8   **n 个 点 的 数 据 表**

x_1	x_2	x_3	…	x_n
y_1	y_2	y_3	…	y_n

将线图表格化后，再参照数表处理方法，用程序化或文件化处理方法进行处理。

2.4.2 线图的公式化处理

上述线图的表格化处理方法不仅工作量较大，而且还需占用大量的存储空间。因此，理想的线图处理方法是对线图进行公式化处理。

线图的公式化处理有两种方法：一种是找到线图原来的公式，另一种是用曲线拟合的方法求出描述线图的经验公式。曲线拟合的方法很多，常用的是最小二乘法。下面介绍曲线拟合的最小二乘法。

最小二乘法拟合的基本思想是：已知由线图或试验所得 m 个点的值 (x_i, y_i)，根据散点的分布，设拟合公式为 $y = f(x)$，每个节点的残差值为

$$e_i = f(x_i) - y_i \qquad (i = 1, 2, \cdots, m) \tag{2.9}$$

残差的平方和为

$$\sum_{i=1}^{m} e_i^2 = \sum_{i=1}^{m} \left[f(x_i) - y_i \right]^2 \tag{2.10}$$

最小二乘法拟合的基本思想就是根据给定的数据 $(x_i, y_i)(i=1,2,\cdots,m)$，选取近似函数，使得式（2.10）的值为最小。

设拟合多项式为 $\quad y = f(x) = a_0 + a_1 x + a_2 x^2 + \cdots + a_n x^n$

已知 m 个点的值，且 $m \geqslant n$，节点误差的平方和为

$$\begin{aligned}
\sum_{i=1}^{m} e_i^2 &= \sum_{i=1}^{m} \left[f(x_i) - y_i \right]^2 = \sum_{i=1}^{m} \left[(a_0 + a_1 x_i + a_2 x_i^2 + \cdots + a_n x_i^n) - y_i \right]^2 \\
&= F(a_0, a_1, a_2, \cdots, a_n)
\end{aligned}$$

其中，$F(a_0, a_1, a_2, \cdots, a_n)$ 表示误差平方和的函数，为使其值最小，对其自变量的偏导数应等于零，即

$$\frac{\partial F}{\partial a_i} = 0 \qquad (i = 0, 1, 2, \cdots, n)$$

即 $\qquad \dfrac{\partial \sum\limits_{i=1}^{m} \left[(a_0 + a_1 x_i + a_2 x_i^2 + \cdots + a_n x_i^n) - y_i \right]^2}{\partial a_i} = 0$

求各偏导数并整理得

$$\begin{cases}
\left(\sum\limits_{i=1}^{m} x_i^0\right) a_0 + \left(\sum\limits_{i=1}^{m} x_i^1\right) a_1 + \left(\sum\limits_{i=1}^{m} x_i^2\right) a_2 + \cdots + \left(\sum\limits_{i=1}^{m} x_i^n\right) a_n = \sum\limits_{i=1}^{m} x_i^0 y_i \\
\left(\sum\limits_{i=1}^{m} x_i^1\right) a_0 + \left(\sum\limits_{i=1}^{m} x_i^2\right) a_1 + \left(\sum\limits_{i=1}^{m} x_i^3\right) a_2 + \cdots + \left(\sum\limits_{i=1}^{m} x_i^{1+n}\right) a_n = \sum\limits_{i=1}^{m} x_i^1 y_i \\
\left(\sum\limits_{i=1}^{m} x_i^2\right) a_0 + \left(\sum\limits_{i=1}^{m} x_i^3\right) a_1 + \left(\sum\limits_{i=1}^{m} x_i^4\right) a_2 + \cdots + \left(\sum\limits_{i=1}^{m} x_i^{2+n}\right) a_n = \sum\limits_{i=1}^{m} x_i^2 y_i \\
\left(\sum\limits_{i=1}^{m} x_i^n\right) a_0 + \left(\sum\limits_{i=1}^{m} x_i^{n+1}\right) a_1 + \left(\sum\limits_{i=1}^{m} x_i^{n+2}\right) a_2 + \cdots + \left(\sum\limits_{i=1}^{m} x_i^{2n}\right) a_n = \sum\limits_{i=1}^{m} x_i^n y_i
\end{cases} \tag{2.11}$$

待求系数共 $(n+1)$ 个，方程也是 $(n+1)$ 个，因此解联立方程组，就可求得各系数。

如用二次多项式拟合，设拟合公式为，$y = a_0 + a_1 x + a_2 x^2$

则联立方程组为

$$\begin{cases}
m a_0 + \left(\sum\limits_{i=1}^{m} x_i\right) a_1 + \left(\sum\limits_{i=1}^{m} x_i^2\right) a_2 = \sum\limits_{i=1}^{m} y_i \\
\left(\sum\limits_{i=1}^{m} x_i\right) a_0 + \left(\sum\limits_{i=1}^{m} x_i^2\right) a_1 + \left(\sum\limits_{i=1}^{m} x_i^3\right) a_2 = \sum\limits_{i=1}^{m} x_i y_i \\
\left(\sum\limits_{i=1}^{m} x_i^2\right) a_0 + \left(\sum\limits_{i=1}^{m} x_i^3\right) a_1 + \left(\sum\limits_{i=1}^{m} x_i^4\right) a_2 = \sum\limits_{i=1}^{m} x_i^2 y_i
\end{cases} \tag{2.12}$$

【例 2.7】 设某项试验数据见表 2.9。

表 2.9 试 验 数 据

x_i	0	1	2	3	4	5
y_i	5	2	1	1	2	3

用最小二乘法的多项式拟合这组数据。

解：将已给数据点描在坐标系中，可以看出这些点接近一条抛物线，因此采用二次多项式拟合

$$y = a_0 + a_1 x + a_2 x^2$$

由实验数据及采用二次多项式拟合可知 $m=6$、$n=2$，计算可得

$$\sum_{i=1}^{6} x_i = 15, \sum_{i=1}^{6} x_i^2 = 55, \sum_{i=1}^{6} x_i^3 = 225, \sum_{i=1}^{6} x_i^4 = 979$$

$$\sum_{i=1}^{6} y_i = 14, \sum_{i=1}^{6} x_i y_i = 30, \sum_{i=1}^{6} x_i^2 y_i = 122$$

其方程组为

$$\begin{cases} 6a_0 + 15a_1 + 55a_2 = 14 \\ 15a_0 + 55a_1 + 225a_2 = 30 \\ 55a_0 + 225a_1 + 979a_2 = 122 \end{cases}$$

解方程组得 $a_0 = 4.7143, a_1 = -2.7857, a_2 = 0.5000$

二次拟合多项式为 $y = 4.7143 - 2.7857x + 0.5x^2$

2.5　通用数据处理软件介绍

前面介绍了函数插值与曲线拟合的原理与方法，根据这些原理与方法可以编写实现工程数据处理的程序。在实际应用中，用户也可以直接应用已有工具软件进行工程数据处理。目前，可应用的工程数据的软件很多，其中，由 MathWorks 公司开发的 MATLAB 就是较流行的通用数据处理软件之一。MATLAB 是一种交互式、面向对象的程序设计语言，广泛应用于设计与计算，同时，在数值分析、自动控制模拟、数字信号处理、动态分析和绘图方面也有很强的功能。

下面以实例的形式简要介绍 MATLAB 的多项式插值以及数据拟合方面的应用。有关 MATLAB 的其他功能，请参阅相关的参考资料。

1. 多项式的表示

MATLAB 将 n 阶多项式 $p(x)$ 存储在长度为 $n+1$ 的行向量 p 中，行向量的元素为多项式的系数，并按 x 的降幂排列，多项式 $p(x) = a_n x^n + a_{n-1} x^{n-1} + \cdots + a_1 x + a_0$ 表示为 $p = (a_n, a_{n-1}, \cdots, a_1, a_0)$。例如，$p(x) = 2x^3 - 3x^2 + 10$ 在 MATLAB 中表示为：$p = [2 \quad -3 \quad 0 \quad 10]$。

2. 多项式插值

利用 MATLAB 提供的插值功能，可以获得平滑的数据插值。MATLAB 提供的插值函数包括一维插值、二维插值和多维插值等。

MATLAB 中的一维插值函数为：$y_i = \mathrm{interp1}(x, y, x_i, \mathrm{method})$

其中参数 x，y 是插值节点的自变量的值与函数值，x 与 y 是长度相同的矢量，x_i 是要计算插值点自变量的值，也是一个矢量，method 指定插值的算法，默认为线性算法。其值可为：'nearest' 线性最近项插值、'linear' 线性插值、'spline' 三次样条插值、'cubic' 三次插值。

在 ［例 2.5］ 中，$x=11.5$ 时的 ln（x）的近似值。

x＝［10 11 12 13 14］；
y＝［2.3026 2.3979 2.4849 2.5649 2.6391］；
xi＝11.5；
yi＝interp1（x,y,xi,'linear'）
执行结果：yi＝ 2.4414

若采用样条插值：

yi＝interp1（x,y,xi,'spline'）
执行结果：yi＝ 2.4424，与实际值跟接近。

二维多项式插值 MATLAB 函数 interp2 函数实现，此函数一般格式为

zi＝interp2（x,y,z,xi,yi,method）

此函数有 6 个输入参数，其中，z 是存放二元函数值的二维数组，x、y 是向量，x_i、y_i 可以为一个值或同型矩阵，method 指定插值算法，可取值：

'linear'：双线性插值算法 （缺省算法）；
'nearest'：最临近插值；
'spline'：三次样条插值；
'cubic'：双三次插值。

【例 2.8】 Q11 表示混流式模型水轮机的单位流量，n11 表示单位转速，E11 表示 Q11、n11 对应的效率，HL120 的 Q11、n11 与效率 E11 关系如下：

Q11＝［0.22 0.26 0.3 0.34 0.38］；
n11＝［50 55 60 65 70］；
E11 ＝［0.8560   0.8680   0.8630   0.8450   0.8120；
      0.8600   0.8870   0.8910   0.8790   0.8480；
      0.8570   0.8800   0.9020   0.8990   0.8780；
      0.8520   0.8860   0.9000   0.9010   0.8850；
      0.8310   0.8680   0.8830   0.8800   0.8600］；

求单位流量 Q11i＝0.25，单位转速 n11i＝64 的效率 Ei。
解：MATLAB 程序如下，如图 2.5 所示。

Q11＝［0.22 0.26 0.3 0.34 0.38］；
n11＝［50 55 60 65 70］；
E11 ＝［0.8560 0.8680 0.8630 0.8450 0.8120；
      0.8600 0.8870 0.8910 0.8790 0.8480；
      0.8570 0.8800 0.9020 0.8990 0.8780；

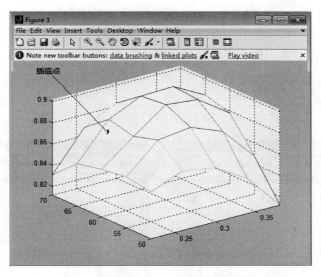

图 2.5   Q11、n11 与效率关系及插值点

0.8520 0.8860 0.9000 0.9010 0.8850;

0.8310 0.8680 0.8830   0.8800 0.8600];

Q11i＝0.25；

n11i＝64；

Ei＝interp2(Q11,n11,E11,Q11i,n11i,'spline')；

mesh(Q11,n11,E11)

axis tight；hold on

plot3(Q11i,n11i,Ei,'.','MarkerSize',30)

3. 多项式拟合

根据一组已知的自变量和函数值，应用最小二乘法求多项式拟合曲线，在 MATLAB 中可以通过 polyfit（ ）函数实现，该函数的格式为

p＝polyfit(x,y,n)；

前两个输入参数 x 和 y 均为矢量，表示已知的自变量的值及对应的函数值，n 为拟合多项的次数。例如 ZZ560－46 最优单位转速下的空蚀特性见表 2.10。

表 2.10　　　　　　　　　ZZ560－46 最优单位转速下的空蚀特性

序号	1	2	3	4	5	6
$Q'_1/(m^3/s)$	0.8	1.0	1.2	1.4	1.6	1.8
σ	0.300	0.321	0.374	0.446	0.531	0.630

x＝[0.8 1.0 1.2 1.4 1.6 1.8]；

y＝[0.300 0.321 0.374 0.466 0.531 0.630]；

若取 $n=2$，采用二次多项式拟合，如图 2.6 所示。

P＝polyfit(x,y,2)；

$$P = [0.1955 \quad -0.1695 \quad 0.3041]$$

拟合公式：$y = 0.1955x^2 - 0.1695x + 0.3041$

若取 $n=3$，采用三次多项式拟合，如图 2.7 所示。

$P = polyfit(x,y,3);$
$P = [-0.2176 \quad 1.0441 \quad -1.2288 \quad 0.7250];$

拟合公式：$y = -0.2176x^3 + 1.0441x^2 - 1.2288x + 0.7250$

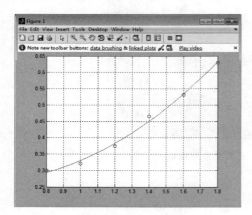 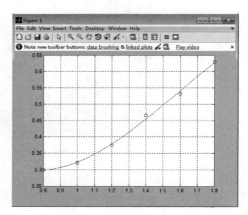

图 2.6　二次多项式拟合曲线　　　　　图 2.7　三次多项式拟合曲线

2.6　工程数据的数据库管理

数据库技术已成为计算机领域的重要分支，它的应用范围在不断扩大，不仅应用于事务处理，并进一步应用到人工智能、专家系统、计算机辅助设计等涉及非数值计算的各方面。

2.6.1　数据库系统及管理

数据库系统是在文件系统的基础上发展起来的一种数据管理技术。数据库是存储在一起结构化的相关数据的集合，这些数据的集合以最小的冗余为多种应用服务。数据库中的数据存储独立于应用程序，并且应用程序能够共享数据库中的数据资源。

数据库中的数据管理与维护是由数据库管理系统（database management system，DBMS）来完成的，是位于用户与操作系统之间的数据管理软件，其主要目标是使数据成为便于用户使用的资源，易于各类用户共享，增加数据的安全性、完整性和可用性。数据库管理系统可完成数据库的定义、管理、建立、维护等操作，是用户与数据库之间的接口。

数据库管理系统支持四种类型的数据模型：层次模型、网状模型、关系模型和面向对象模型。其中关系模型具有简单又能够处理复杂的数据关系等特点，得到广泛应用。例如 Oracle、Microsoft SQL Server 和 Microsoft Access 等都是关系型数据库管理系统。

2.6.2　Microsoft Access 数据库

Access 2010 是 Microsoft Office 2010 软件包中的一个软件。它是一个很好的数据管理工具，能使用户快速输入数据，并避免重复数据的出现，还可以高效地对数据进行检索、排序、分析、汇总等管理工作。

1.Access2010 简介

对象是 Access 数据库最重要的组成部分，Access 数据库由表、查询、窗体、报表、页等对象组成。

一般情况下，对数据库操作就是对数据库对象的操作，每个对象都对应一定的功能与操作，简单介绍如下：

（1）表（Table）——表由记录组成，记录由字段组成，表用来存储数据库的数据，故又称数据表。

（2）查询（Query）——根据用户给定的条件，从指定的表中，筛选出满足条件的若干记录。

（3）窗体（Form）——窗体提供了一种方便的浏览、输入及更改数据的窗口，还可以创建子窗体显示相关联的表的内容。

（4）报表（Report）——报表的功能是将数据库中的数据分类汇总，然后打印出来，以便分析。

（5）页（Page）——数据库访问页，通过它可以在网页浏览器中对数据进行添加、删除、修改等操作，它让 Access 与 Web 结合得更紧密。

2.Access 数据库的创建与使用

（1）数据库的创建。创建数据库是对数据库进行管理的基础。在 Access 中，只有在建立数据库的基础上，才能创建数据库的其他对象，并实现对数据库的操作。

1）直接创建空数据库。打开"开始"菜单，启动 Access，进入 Access 系统首页，如图 2.8 所示。

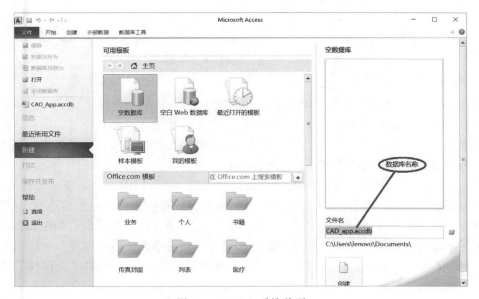

图 2.8　Access 系统首页

选择存储位置和文件名，输入"CAD_App"后，单击"创建"按钮，建立空数据库完毕。

2）利用"模板"创建数据库。首先，打开"开始"菜单，启动 Access 进入系统首页，如图 2.8 所示。再选择"Office 模板"下的"业务"窗口，选择"联系人"，如图 2.9 所示。单击"下载"按钮，即可创建一个以"联系人"为名的数据库。

（2）数据库打开与关闭。

1）打开数据库。在"Access 系统首页"窗口，选择"打开"命令，进入"打开"窗口；然后选择要打开的数据库，单击"打开"按钮，则打开相应的数据库。

2）关闭数据库。关闭数据库可以单击数据库子窗口右上角的关闭按钮，也可以单击"文件"菜单中的"关闭"选项。

图 2.9　用 Office 模板建立数据库

3．Access 数据表

在 Access 中，表是数据库中最重要的对象之一，一个表由两部分组成，一部分是由各字段名、类型、宽度等构成的表的结构，即一个关系模式，也称为表结构；另一部分是具体存放的数据，称为数据记录，创建表时，只需要定义表的结构，包括表名、每个字段的名称、类型、宽度以及是否建立索引等。

（1）Access 表结构的建立。Access 表结构可使用"表"视图或"表模板"创建。

1）使用"表视图"创建表。首先，打开数据库"CAD_App"；然后在 Access 系统窗口，打开"创建"选项卡，单击"表设计"按钮，进入"表设计"窗口，如图 2.10 所示，定义每一字段的字段名、类型、宽度及是否索引等；最后给表命名并保存。

2）使用"模板"创建表。可以使用"表"模板创建表，也可以用"表设计"模板创建表，在此不再详述。

（2）表中数据的输入。建立了表结构，就可以向表中输入数据，这个操作在"表"窗

图 2.10 表设计窗口

口中完成，操作如下：

打开数据库"CAD_App"，选择要输入数据的表"零件"，左键双击（或用右键"单击"弹出菜单，选择"打开"），进入如图 2.11 所示数据输入窗口，完成数据输入后保存。

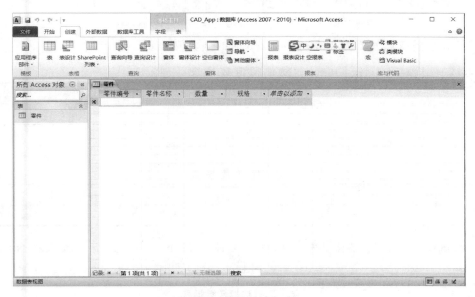

图 2.11 表数据输入窗口

2.6.3 工程数据库简介

CAD 是非常复杂的系统，一般包括二维与三维图形数据和设计规范、标准及材料性能等非图形数据，具有十分复杂的数据类型和联系及大量的工程数据，属于动态模式。而商用关系型数据库管理系统的数据类型比较简单，且是静态数据模式。采用一般的商用数据库管理系统并不能完全满足 CAD 作业的需求，因而出现了工程数据库管理系统（engineering data base management system，EDBMS）。

1. 对工程数据库系统的要求

（1）能支持多对多关系、递归关系等复杂数据结构的描述，以满足数据库中实体之间的多种关系。

（2）能够将一个复杂的数据结构作为一个完整的独立实体处理，能有效地支持对工程数据操纵的能力。

（3）支持动态描述数据库中数据结构的能力，使用户既能修改数据库中的值，又能修改数据结构的模式。

（4）能支持用于分析和比较的多种设计方案，并具有回溯能力。

（5）对于数据操纵语言（DML）应提供与工程设计常用高级语言的接口。

2. 工程数据库开发的一般方法

（1）对现有商用数据库管理系统功能扩充和改造，以适应 CAD/CAM 系统数据管理的特殊要求。

（2）将图形文件管理应用与商用 DBMS 相结合。

（3）研究新的数据模型，开发新的工程数据库管理系统，使其满足工程数据管理的要求。

习　　题

1. 用线性插值求表 2.11 中，当 $x=2.3$ 时的函数值。

表 2.11　　　　　　　　　　　　线 性 插 值 数 据 表

x	2.59	2.4	2.33	2.21	2.09	2.00	1.88
y	1.88	1.8	1.73	1.68	1.62	1.59	1.53

2. 用二次插值求表 2.12 中，当 $x=1.83$ 处的函数值 y。

表 2.12　　　　　　　　　　　　二 次 插 值 数 据 表

x	1.4	1.5	1.6	1.8	1.9	2.0
y	0.57	0.72	0.95	1.29	1.58	1.94

3. 已知有一组试验数据如表 2.13 所列，求用最小二乘法进行多项式拟合的拟合公式。

表 2.13　　　　　　　　　　　　最小二乘法拟合数据表

X	1.00	2.00	3.00	4.00	5.00	6.00
Y	2.00	4.01	6.05	7.85	9.60	11.83

4. 用 MATLAB，编写指令对上题进行多项式拟合，并写出拟合结果。

第3章 二维图形绘制

3.1 AutoCAD 2016 入门基础

AutoCAD 是由美国 Autodesk 公司开发的通用计算机辅助绘图与设计软件包，具有易于掌握、使用方便、体系结构开放等特点，深受广大工程技术人员的欢迎。AutoCAD 自 1982 年问世以来，已经进行了 20 多次的升级，从而使其功能逐渐强大，且日趋完善。如今，AutoCAD 已广泛应用于机械、建筑、电子、航天、造船、石油化工、土木工程、冶金、农业、气象、纺织、轻工业等领域。AutoCAD 已成为工程设计领域中应用最为广泛的计算机辅助设计软件之一。

3.1.1 AutoCAD 的基本功能

AutoCAD 具有良好的用户界面，通过交互菜单或命令行方式便可以进行各种操作。它的多文档设计环境，让非计算机专业人员也能很快地学会使用，并在不断实践的过程中更好地掌握它的各种应用和开发技巧，从而不断提高工作效率。

1. AutoCAD 的特点

AutoCAD 软件具有如下特点：

（1）具有完善的图形绘制功能。

（2）具有强大的图形编辑功能。

（3）可以采用多种方式进行二次开发或用户定制。

（4）可以进行多种图形格式的转换，具有较强的数据交换能力。

（5）支持多种硬件设备。

（6）支持多种操作平台。

（7）具有通用性、易用性，适用于各类用户。

2. AutoCAD 的基本功能

AutoCAD 的基本功能如下：

（1）平面绘图。能以多种方式创建直线、圆、椭圆、多边形、样条曲线等基本图形对象。

（2）绘图辅助工具。AutoCAD 提供了正交、对象捕捉、极轴追踪、捕捉追踪等绘图辅助工具。正交功能使用户可以很方便地绘制水平、竖直直线，对象捕捉可帮助拾取几何对象上的特殊点，而追踪功能使画斜线及沿不同方向定位点变得更加容易。

（3）编辑图形。AutoCAD 具有强大的编辑功能，可以移动、复制、旋转、阵列、拉伸、延长、修剪、缩放对象等。

（4）标注尺寸。可以创建多种类型尺寸，标注外观可以自行设定。

（5）书写文字。能轻易在图形的任何位置、沿任何方向书写文字，可设定文字字体、倾斜角度及宽度缩放比例等属性。

（6）图层管理功能。图形对象都位于某一图层上，可设定图层颜色、线型、线宽等特性。

（7）三维绘图。可创建 3D 实体及表面模型，能对实体本身进行编辑。

（8）网络功能。可将图形在网络上发布，或是通过网络访问 AutoCAD 资源。

（9）数据交换。AutoCAD 提供了多种图形图像数据交换格式及相应命令。

（10）二次开发。AutoCAD 允许用户定制菜单和工具栏，并能利用内嵌语言 Autolisp、Visual Lisp、VBA、ADS、ARX 等进行二次开发。

AutoCAD 2016 又增添了许多新的功能，如：增强的修订云线、添加"几何中心"对象捕捉、命令预览增强、DIM 命令的增强、PDF 输出等，从而使 AutoCAD 系统更加完善。

3.1.2　AutoCAD 2016 对计算机软硬件系统的要求

AutoCAD 2016 对计算机软硬件系统的要求见表 3.1。

表 3.1　　　　　　　　AutoCAD 2016 对计算机软硬件系统的要求

操作系统	Windows 8、Windows 7、Windows Vista 或 Windows XP（SP2）操作系统
处理器	英特尔或 AMD 双核处理器，最低 1.6GHz
内　存	最低 1GB 内存，建议使用 4GB 以上内存
硬　盘	用于安装软件的可用磁盘空间不低于 750MB，建议使用 40GB 以上的磁盘空间
显示器	1024×768VGA 真彩色
浏览器	Internet Explorer 6.0 SP1 或更高版本

3.1.3　AutoCAD 的启动与退出

1. AutoCAD 2016 的启动方法

启动 AutoCAD 2016 有以下两种方法。

（1）通过快捷图标启动 AutoCAD 2016。用鼠标左键双击桌面上的 AutoCAD 2016 快捷图标，AutoCAD 启动。

（2）通过"开始"菜单启动 AutoCAD 2016。单击 Windows 操作窗口左下角的"开始"按钮，在弹出菜单中选择"所有程序"，在"程序"子菜单选择"Autodesk"程序，然后在其弹出菜单单击 AutoCAD 2016 应用程序清单，启动 AutoCAD。

2. AutoCAD 2016 的退出方法

用户可以通过下列方式退出 AutoCAD

（1）在命令行输入 Exit 或 Quit 命令。

（2）鼠标左键单击 AutoCAD 2016 工作界面右上角的"×"按钮。

（3）单击 AutoCAD 2016 工作界面右上角的 图标，在弹出菜单上单击"关闭"。

（4）单击"文件"菜单，在"文件"菜单上单击"退出"。

（5）按快捷键 Ctrl＋Q 或 Alt＋F4。

如果在退出 AutoCAD 2016 时没有保存当前文件，系统会弹出一个如图 3.1 所示的对话框。提示用户在退出之前保存或放弃对图形的修改，或取消退出操作。

3.1.4 AutoCAD 2016 的界面

AutoCAD 2016 的默认用户界面与 Auto-CAD2013 版本相比，没有太大的变化。只是取消了 AutoCAD2013 及以前版本中的经典用户界面。

1. AutoCAD 2016 工作空间

AutoCAD 2016 提供 3 种工作空间：分别为草图与注释、三维基础与三维建模。可以根

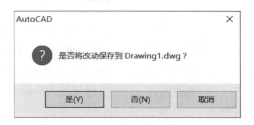

图 3.1 "提示存盘"对话框

据工作方式进行选择。AutoCAD 2016 的默认工作空间是草图与注释，如图 3.2 所示。

图 3.2 AutoCAD 2016 默认工作空间

AutoCAD 2016 提供了 3 种工作空间，同时也提供了空间切换的功能，用户可以方便地在不同的工作空间之间进行切换，方法如下：

（1）应用自定义快速访问工具栏中的"工作空间"列表进行切换，如图 3.3（a）所示。

（2）鼠标左键单击 AutoCAD 2016 默认工作界面右下角的"切换工作空间"按钮，弹出菜单如图 3.3（b）所示，用鼠标选择，即可切换工作空间。

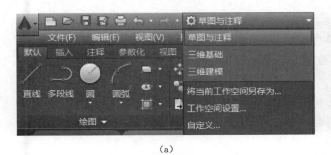

（a）　　　　　　　　　　　　　　（b）

图 3.3 AutoCAD 2016 工作空间切换

2. 草图与注释工作空间

AutoCAD 2016 的草图与注释工作空间用于绘制二维草图，在工作空间中，系统提供了常用的绘图工具、图层、图形修改等各种控制面板，还有标题栏、菜单栏、绘图窗口、光标、坐标系图标、命令窗口、状态栏、模型/布局选项卡等组成，如图 3.2 所示。

（1）标题栏。标题栏与其他 Windows 应用程序类似，用于显示 AutoCAD 2016 的程序图标以及当前所操作图形文件的名称。

（2）菜单栏。在 AutoCAD 2016 中菜单栏可以隐藏或显示，可利用其执行 AutoCAD 的大部分命令。单击菜单栏中的某一项，会弹出相应的下拉菜单。如图 3.4 所示为"绘

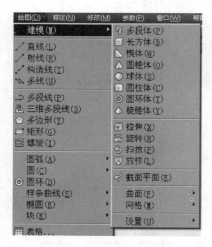

图 3.4　AutoCAD 2016
"绘图"下拉菜单

图"下拉菜单。下拉菜单中，右侧有小三角的菜单项，表示它还有子菜单。图 3.4 右侧是显示出了"建模"子菜单。右侧有三个小点的菜单项，表示单击该菜单项后将显示出一个对话框；右侧没有内容的菜单项，单击它后会执行对应的 AutoCAD 命令。

（3）绘图窗口。绘图窗口类似于手工绘图时的图纸，是用户用 AutoCAD 2016 绘图并显示所绘图形的区域。

（4）光标。当光标位于 AutoCAD 的绘图窗口时为十字形状，所以又称其为十字光标。十字线的交点为光标的当前位置。AutoCAD 的光标用于绘图、选择对象等操作。

（5）坐标系图标。坐标系图标通常位于绘图窗口的左下角，表示当前绘图所使用的坐标系的形式以及坐标方向等。AutoCAD 提供有世界坐标系（world coordinate system，WCS）和用户坐标系（user coordinate system，UCS）两种坐标系。世界坐标系为默认坐标系。

（6）命令窗口。命令窗口是 AutoCAD 显示用户从键盘键入的命令和显示 AutoCAD 提示信息的地方。

（7）状态栏。状态栏用于显示或设置当前的绘图状态。状态栏上的按钮分别表示当前是否启用了捕捉模式、栅格显示、正交模式、极轴追踪、对象捕捉、对象捕捉追踪、动态 UCS、动态输入等功能，以及是否显示线宽、当前的绘图空间等信息。

（8）模型/布局选项卡。模型/布局选项卡用于实现模型空间与图纸空间的切换。

（9）滚动条。利用水平和垂直滚动条，可以使图纸沿水平或垂直方向移动，即平移绘图窗口中显示的内容。

（10）菜单浏览器。单击菜单浏览器，AutoCAD 会将浏览器展开，如图 3.5 所示。用户可通过菜单浏览器执行相应的操作。

3. 三维基础工作空间

三维基础工作空间只限于绘制三维模型。用户可用系统所提供的建模、编辑、渲染等命令，创建三维模型，如图 3.6 所示。

4. 三维建模工作空间

三维建模工作空间与三维基础工作空间相似，但在其功能面板中不仅有三维建模、编辑等功能，还包括二维图形的绘制和编辑、坐标变换等功能。三维建模的功能面板如图 3.7 所示。

3.1.5 AutoCAD 命令与系统变量

1. 执行命令的方法

执行 AutoCAD 命令可采用以下几种方法：

（1）通过键盘输入命令，例如画一条直线，可在命令窗口输入 Line。

（2）通过菜单执行命令，例如画一条直线，在菜单栏选择"绘图"→"直线"。

（3）通过功能面板执行命令，例如画一条直线，单击"绘图功能面板"中的 图标。

图 3.5 菜单浏览器

图 3.6 三维基础工作空间功能面板

图 3.7 三维建模工作空间功能面板

（4）通过工具栏执行命令，例如画一条直线，单击"绘图"工具栏的 图标。

（5）重复执行上一条命令，用键盘上的 Enter 键或按 Space 键；也可使光标位于绘图窗口，单击右键，AutoCAD 弹出快捷菜单，并在菜单的第一行显示出重复执行上一次所执行的命令，选择此命令即可重复执行对应的命令。

2. 终止正在进行的命令

按 Esc 键，将终止正在进行的命令。

3. 放弃上一条命令

调用"UNDO（放弃）""U（放弃命令的短命令）"或单击工具栏图标 将放弃上一条命令所做的工作，即恢复到调用上一个命令之前的状态。

4. 使用透明命令

在 AutoCAD 中，透明命令是指在执行其他命令的过程中可以执行的命令。常使用的透明命令多为修改图形设置的命令、绘图辅助工具命令，例如 SNAP、GRID、ZOOM 等。

要以透明方式使用命令，应在输入命令之前输入单引号"'"。命令行中，透明命令的提示前有一个双折号">>"，完成透明命令后，将继续执行原命令。

5. 使用系统变量

在 AutoCAD 中，系统变量用于控制某些功能、设计环境和命令的工作方式，它可以打开或关闭捕捉、栅格或正交等绘图模式，设置默认的填充图案，或存储当前图形和 AutoCAD 配置的有关信息。

系统变量通常是 6～10 个字符长的缩写名称。许多系统变量有简单的开关设置。例如 GRIDMODE 系统变量用来显示或关闭栅格，当在命令行的"输入 GRIDMODE 的新值 ＜1＞:"提示下输入 0 时，可以关闭栅格显示；输入 1 时，可以打开栅格显示。有些系统变量则用来存储数值或文字，例如 DATE 系统变量用来存储当前日期。

可以在对话框中修改系统变量，也可以直接在命令行中修改系统变量。例如，要使用 ISOLINES 系统变量修改曲面的线框密度，可在命令行提示下输入该系统变量名称并按 Enter 键，然后输入新的系统变量值并按 Enter 键即可，详细操作如下。

命令：ISOLINES//输入系统变量名称

输入 ISOLINES 的新值 ＜4＞：32//输入系统变量的新值

3.1.6　图形文件的操作

图形文件是用户以 AutoCAD 为工具作图的结果，是按照 AutoCAD 规范定义的矢量图形文件，图形文件的扩展名为 .DWG。图形文件不仅记录了图的内容，还记录了当时的作图环境。AutoCAD 还可以生成其他一些类型的文件。除非另行说明，本书的图形文件就是指扩展名为 .DWG 的图形文件。

1. 建立一个新文件（NEW）

新建 AutoCAD 图形文件的方法有两种，一种是软件启动之后自动新建一个文件，且新文件的默认名称为"Drawing1.dwg"；第二种方法是软件之后重新创建一个文件。下面介绍第二种方法。

输入 NEW 命令、单击图标 或选择"文件"→"新建"，都可弹出如图 3.8 所示的

图 3.8　"选择样板"对话框

"选择样板"对话框。选择一个样板文件，进入如图 3.2 所示的 AutoCAD"草图与注释"工作环境。

说明：有些样板文件虽然是空图，但对作图环境进行了最优设置。例如样板文件 acadiso.dwt 设置了 A3 图幅的公制作图环境，acad.dwt 设置了 12×9（英寸×英寸*）图幅的英制作图环境。推荐选择公制（iso）的样板文件。

2. 打开一个已有的图形文件（OPEN）

输入 OPEN 命令、单击图标 📂 或选择"文件"→"打开"，即可弹出"选择文件"对话框，如图 3.9 所示，然后选择要打开的图形文件，单击"打开"即可。

图 3.9　打开图形文件对话框

在 AutoCAD 中，可以以"打开""以只读方式打开""局部打开"和"以只读方式局部打开"4 种方式打开图形文件。当以"打开""局部打开"方式打开图形时，可以对打开的图形进行编辑，如果以"以只读方式打开""以只读方式局部打开"方式打开图形时，则无法对打开的图形进行编辑。如果选择以"局部打开""以只读方式局部打开"打开图形，这时将打开"局部打开"对话框。可以在"要加载几何图形的视图"的选项组中选择要打开的视图，在"要加载几何图形的图层"选项组中选择要打开的图层，然后单击"打开"按钮，即可在视图中打开选中的图层上的对象。

3. 保存图形文件（QSAVE）

输入 QSAVE 命令、单击图标 💾 或选择"文件"→"保存"，就会将绘图的当前结果存盘且仍处于图形编辑状态。若当前图形文件尚未命名，将弹出"图形另存为"对话框，如图 3.10 所示，可以选择图形储存路径、选择文件类型、输入图形文件名，单击"保存"即可。

＊　1 英寸≈2.54 厘米。

图 3.10 "图形另存为"对话框

注意：由于版本的兼容性问题，低版本的软件不能打开高版本软件的文件，所以有时需要将文件保存为低版本格式。

4. 别名另存图形文件（SAVE 或 SAVEAS）

输入 SAVE 命令或选择"文件"→"另存为"，将弹出"图形另存为"对话框，输入图形文件名即可。

3.1.7 AutoCAD 点的坐标

在 AutoCAD 中，点的坐标可以使用绝对直角坐标、绝对极坐标、相对直角坐标和相对极坐标 4 种方法表示。

1. 绝对坐标

绝对坐标是指相对于当前坐标系统原点的坐标。当用户以绝对坐标输入一个二维点时，可以采用笛卡尔坐标或极坐标形式。

（1）笛卡尔坐标。该坐标系有三个轴，即 X、Y 和 Z 轴。输入坐标值时，需要指示沿 X、Y 和 Z 轴相对于坐标系原点（0，0，0）的距离以及方向（正或负）。

当在二维空间也就是在 XY 平面中确定点的位置时，笛卡尔坐标的 X 值表示沿水平轴以当前单位表示的距离，正值表示在正方向上的距离，而负值表示在负方向上的距离；Y 值表示沿垂直轴以当前单位表示的距离。用户需要输入点的 X 和 Y 的坐标值，并且在这两个值之间要用英文逗号隔开。

下面将通过笛卡尔坐标绘制一条从（10，5）位置开始，到端点（20，10）处结束的线段。

在功能面板"绘图"中单击"直线"按钮，然后根据命令行提示进行操作。

指定第一点：＃－10,5   //输入绝对坐标值,按 Enter 键指定直线的第一点。

指定下一点或［放弃(U)］：＃20,10 //输入绝对坐标值,按 Enter 键指定直线的第二点。

指定下一点或［放弃(U)］：   //按 Enter 键结束命令。

注意：使用动态输入，可以使用"♯"前缀指定绝对坐标。如果在命令行而不是功能面板提示中输入坐标，可以不使用"♯"前缀。

（2）极坐标。极坐标通过距离和角度定位点，指通过输入坐标系原点与某点的距离，以及这两点之间的连线与 X 轴正方向上的夹角来指定该点。在这两个值中间要用"＜"符隔开。例如某二维点距坐标系原点的距离为 60，坐标系原点与该点的连线相对于坐标系 X 轴正方向的夹角为 45°，那么该点的极坐标为♯60＜45。下面将使用绝对极坐标绘制的两条线段，它们使用默认的角度方向设置。

在菜单中执行"绘图"→"直线"命令，然后根据提示进行操作。

指定第一点：♯0,0　　　　　　　　　//输入绝对坐标值，按 Enter 键指定直线起点的位置。
指定下一点或［放弃(U)］：♯20＜60　　//输入极坐标值，按 Enter 键指定第二点。
指定下一点或［放弃(U)］：♯30＜120　//输入第三点的极坐标值，按 Enter 键。
指定下一点或［放弃(U)］：　　　　　//按 Enter 键结束命令。

2. 相对坐标

相对坐标是指相对于前一坐标点的坐标。相对坐标也有笛卡尔、极坐标等方式，输入的格式与绝对坐标相同，但要在前面加"@"。例如已知前一点的笛卡尔坐标为（10，10），如果在输入点的提示后输入：@15，10，则相当于该点的绝对坐标为（25，20）。

下面将绘制通过相对笛卡尔坐标与极坐标方式绘制一个长方形。第一条边是一条线段，从绝对坐标（10，10）开始，到沿 X 轴方向 15 个单位，沿 Y 轴方向 0 个单位的位置结束。第二条边也是一条线段，从第一条线段的终点开始，长度为 10，方向角为 90°。第三条边从第二条线段的终点开始，长度为 15，方向角为 180°。第四条边从第三条线段的终点开始，使用绝对坐标回到起点。

在命令行中输入 line，然后按 Enter 键。根据提示进行操作，创建出由四条直线组成的长方形。

命令：line
指定第一点：♯10,10　　　　　　　　//输入绝对坐标值，按 Enter 键指定直线第一点。
指定下一点或［放弃(U)］：@15,0　　//输入相对坐标值，按 Enter 键指定第二点。
指定下一点或［放弃(U)］：@10＜90　//输入相对极坐标值，按 Enter 键指定第三点。
指定下一点或［放弃(U)］：@15＜180　//输入相对极坐标值，按 Enter 键指定第四点。
指定下一点或［放弃(U)］：♯10,10　　//输入绝对坐标值，按 Enter 键指定直线第一点。
指定下一点或［放弃(U)］：　　　　　//按 Enter 键结束命令。

3.1.8　绘图设置

1. 绘图单位

绘图单位本身是无量纲的，但用户在绘图时可以将绘图单位视为被绘制对象的实际单位，如毫米（mm）、厘米（cm）、米（m）、千米（km）等，工程制图最常用的单位是毫米（mm）。

运用 AutoCAD 提供的"图形单位"对话框可设置长度单位和角度单位。（在默认情况下，AutoCAD 的图形单位用十进制进行数值显示。）具体操作如下。

启动命令：

（1）命令：Units。

（2）单击"格式"菜单，在"格式"菜单中单击"单位"子菜单。

用上述任意一种方法，AutoCAD 会弹出如图 3.11 所示"图形单位"对话框。其各选项含义如下：

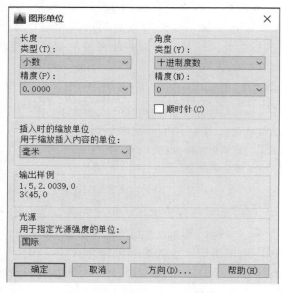

图 3.11 "图形单位"对话框

1）在"长度"区域内，用"类型（T）"下拉菜单可设置绘图单位的数据格式，并可用其中的"精度"下拉列表选择设置当前单位格式的测量精度。

其中，建筑（Architectural）表示建筑业格式，以 0'-0 1/16" 显示英尺和分数的英寸；小数（Decimal）表示十进制计数，显示格式为 0.0000；工程（Engineering）表示工程格式，以 0'-0.0000" 显示英尺和十进制英寸；分数（Fractional）是分数表示法，显示格式为 0 1/16；科学（Scientific）表示科学计数法，显示格式为 0.0000E＋01。

以上所列的单位格式中，小数、科学和分数适用于任何通用单位，而建筑和工程只适用于英制单位。

2）在"角度"区域内，用"类型（Y）"下拉菜单可设置角度的数据格式；同样用其中的"精度"下拉列表选择设置当前单位格式的测量精度。

其中，十进制度数（Decimal Degrees）表示以十进制数来显示角度，显示格式为 0.0000；度/分/秒（Deg/Min/See）表示以"度/分/秒"来显示角度，格式为 0d0'0.0000"；百分度（Grads）表示以梯度来显示角度，格式为 0.0000g，其中 g 表示梯度；弧度（Radians）表示以弧度来显示角度，格式为 0.0000r，其中 r 表示弧度；勘测单位（Surveyor's Units）的显示格式为 N 0d0' 0.0000" E。

通常情况下，系统默认的正角度方向是逆时针方向，如果勾选了"顺时针"复选项，那么系统将以顺时针方向计算正的角度值。一般情况下，该选项不勾选。

3）要控制角度的方向，请按对话框中的"方向（D）"按钮，此时将弹出一个"方向控制"对话框。默认时，0°角的方向是"东"，即为 X 轴正向；角度的正增量方向为逆时针方向。

2．设置图形界限

图形界限就是绘图区域，也称为图限。为便于将绘制的图形打印输出，在绘图前应设置好图形界限。默认情况下是以（0，0）点为边界的左下角，右上角的坐标决定了图形界限的大小。图形界限相当于在图纸上人为加了一个不可见的边界。但是，绘图时可以超越这个界限。在 AutoCAD 中使用命令 Limits（图形界限）或菜单中的"格式"→"图形界限"命令来设置图限。下面以实例的形式介绍绘图界限的设置过程，以设置 A4（297mm×210mm）幅面的图纸为例。

选择"格式"→"图形界限"命令，即执行 LIMITS 命令，AutoCAD 提示：

指定左下角点或［开(ON)/关(OFF)］<0.0000,0.0000>：　　//指定图形界限的左下角位置，
　　　　　　　　　　　　　　　　　　　　　　　　　　直接按 Enter 键或 Space 键采
　　　　　　　　　　　　　　　　　　　　　　　　　　用默认值。

指定右上角点：　　　　　　　　　　　　　　　　　　//指定图形界限的右上角位置

开（ON）选项用于打开绘图范围检查功能，即执行该选项后，用户只能在设定的图形界限内绘图，如果超出界限，AutoCAD 将拒绝执行，并给出相应的提示信息。关（OFF）选项用于关闭 AutoCAD 的图形界限检查功能，执行该选项后，用户的绘图范围不再受所设置图形界限的限制。

3.2　图层的设置与管理

图层是用户组织和管理图形的强有力工具。在中文版 AutoCAD 2016 中，所有图形对象都具有图层、颜色、线型和线宽这 4 个基本属性。用户可以使用不同的图层、不同的颜色、不同的线型和线宽绘制不同的对象和元素，方便控制图形对象的显示和编辑，从而提高绘制复杂图形的效率和准确性。

3.2.1　图层的概述

1. 图层的特性

（1）AutoCAD 对一幅图中图层数没有限制，对每一图层上的对象数也没有任何限制，但只能在当前图层上绘图。

（2）每一图层有一个名字以示区别，当开始绘制一幅新图时，AutoCAD 自动创建名为 0 的图层，为 AutoCAD 的默认图层，其余图层为用户自定义图层。

（3）每个图层都可以设置单独的线型和颜色，图层之间的线型和颜色可以相同，也可以不同；在某一图层上绘图时，绘出的线型为该图层的线型。一个图层只有一种线型，一种颜色。

（4）各图层具有相同的坐标系、绘图界限、显示时的缩放倍数，可以对不同图层上的对象同时进行编辑。

（5）可以对各图层进行打开、关闭、冻结、解冻、锁定与解锁等操作。

2. 图层特性管理器

图层是 AutoCAD 提供的一个管理图形对象的工具，用户可以根据图层对图形几何对象、文字、标注等进行归类处理，使用图层来管理它们，不仅能使图形的各种信息清晰、有序，便于观察，而且也会给图形的编辑、修改和输出带来很大的方便。

AutoCAD 提供了图层特性管理器，利用该工具用户可以方便地创建图层以及设置其基本属性。选择"格式"→"图层"命令或点击功能面板上"图层特性管理器"图标，可打开"图层特性管理器"对话框，如图 3.12 所示。

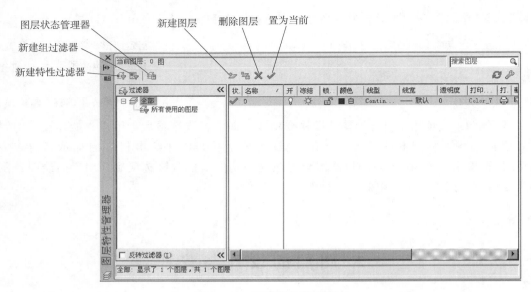

图 3.12 图层特性管理器

3.2.2 图层的设置

1. 创建新图层

开始绘制新图形时，AutoCAD 将自动创建一个名为"0"的特殊图层。默认情况下，图层"0"将被指定使用 7 号颜色（白色或黑色，由背景色决定）、Continuous 线型、"默认"线宽及 normal 打印样式，用户不能删除或重命名"0"图层。在绘图过程中，如果用户要使用更多的图层来组织图形，就需要先创建新图层。

在"图层特性管理器"对话框中单击"新建图层"按钮，可以创建一个名称为"图层 1"的新图层。默认情况下，新建图层与当前图层的状态、颜色、线型、线宽等设置相同。

当创建图层后，图层的名称将显示在图层列表框中，如果要更改图层名称，可单击该图层名，然后输入一个新的图层名并按 Enter 键即可。

2. 设置图层颜色

颜色在图形中具有非常重要的作用，可用来表示不同的组件、功能和区域。图层的颜色实际上是图层中图形对象的颜色。每个图层都拥有自己的颜色，对不同的图层可以设置相同的颜色，也可以设置不同的颜色，绘制复杂图形时就可以很容易区分图形的各部分。

新建图层后，要改变图层的颜色，可在"图层特性管理器"对话框中单击图层的"颜色"列对应的图标，打开"选择颜色"对话框，如图 3.13 所示。

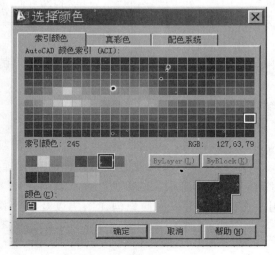

图 3.13 "选择颜色"对话框

3. 使用与管理线型

绘制工程图时经常需要采用不同的线型来绘图，如虚线、中心线等，AutoCAD 线型管理包括设置图层线型、加载线型、设置线型比例等。

（1）设置图层线型。在绘制图形时要使用线型来区分图形元素，这就需要对线型进行设置。默认情况下，图层的线型为 Continuous。要改变线型，可在图层列表中单击"线型"列的 Continuous，打开"选择线型"对话框，如图 3.14 所示，在"已加载的线型"列表框中选择一种线型，然后单击"确定"按钮。

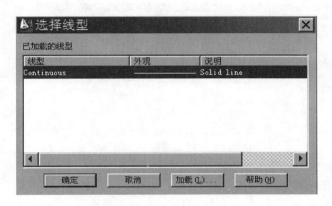

图 3.14 "选择线型"对话框

（2）加载线型。默认情况下，在"选择线型"对话框的"已加载的线型"列表框中，只有 Continuous 一种线型，如果要使用其他线型，必须将其添加到"已加载的线型"列表框中。可单击"加载"按钮打开"加载或重载线型"对话框，从当前线型库中选择需要加载的线型，然后单击"确定"按钮。例如加载中心线即选择"CENTER"，如图 3.15 所示。

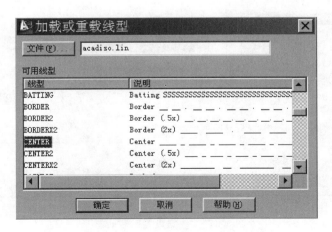

图 3.15 "加载或重载线型"对话框

（3）设置线型比例。有时用户选取点划线、中心线时，在屏幕上看起来仍是直线。使用线型缩放命令配制适当的线型比例，就可显示真实的线型。方法如下：在菜单中选择

"格式"→"线型"命令，打开"线型管理器"对话框，如图 3.16 所示。可设置图形中的线型比例，从而改变非连续线型的外观。

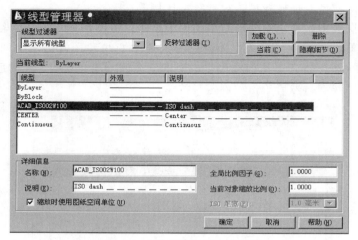

图 3.16　"线型管理器"对话框

4. 设置图层线宽

线宽设置就是改变线条的宽度。在 AutoCAD 中，不同的线宽代表的含义也不同，所以在对图层特性进行设置时，设置图层的线宽也是必要的。下面介绍设置图层线宽的方法：①可以在"图层特性管理器"对话框的"线宽"列中单击该图层对应的线宽"——默认"，打开"线宽"对话框，如图 3.17（a）所示，有 20 多种线宽可供选择；②也可以选择"格式"→"线宽"命令，打开"线宽设置"对话框，如图 3.17（b）所示，通过调整线宽比例，使图形中的线宽变得更宽或更窄。

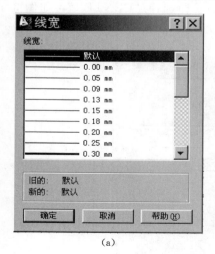

（a）

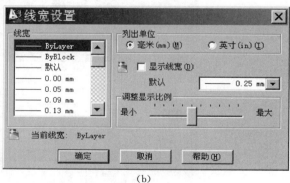

（b）

图 3.17　"线宽设置"对话框

3.2.3　图层的设置

在"图层特性管理器"中，用户不仅可以创建图层、设置图层特性，还可以对已创建的图层进行管理，如关闭图层、锁定图层、删除图层、过滤图层等。

1. 置为当前图层

置为当前图层是将选定的图层设置为当前图层，并在当前图层上创建对象。在 Auto-CAD 中，当前层的设置方法有以下四种。

（1）使用"置为当前"按钮设置，在"图层特性管理器"中，选中所需图层选项，单击"置为当前"按钮✔️即可，如图 3.18 所示。

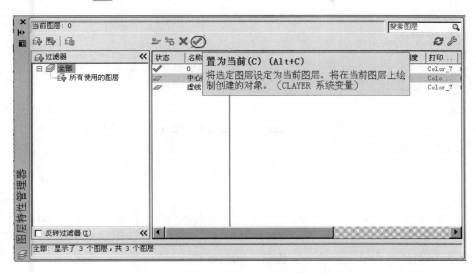

图 3.18　"图层特性管理器"中的"置为当前"图层

（2）使用鼠标双击设置，在"图层特性管理器"中，双击所要选择的图层，即可将该图层设为当前图层。

（3）使用鼠标右键设置，在"图层特性管理器"中，选中所需图层选项，单击鼠标右键，在弹出菜单中选择"置为当前"。

（4）使用功能面板的"图层"设置，使用"图层"的下拉列表，选择所需图层置为当前，如图 3.19 所示。

2. 打开/关闭图层

系统默认的图层都是处于打开状态的。而若选择某图层将其关闭，则该图层中所有的图形都不可见，且不能被编辑和打印。图层的打开与关闭操作可使用以下两种方法。

图 3.19　功能面板中的"图层"设置当前层

（1）通过"图层特性管理器"操作。打开"图层特性管理器"，单击所需图层中的"开"按钮，将其变为灰色，如图 3.20 所示。此时该层已被关闭，而在该层中所有的图形不可见。反之，再次单击"开"按钮，使其为高亮状态显示，则为打开图层操作。

（2）使用功能面板中的"图层"。使用功能面板中"图层"的下拉列表，单击该图层的"开/关"按钮，同样可以打开或关闭该图层。

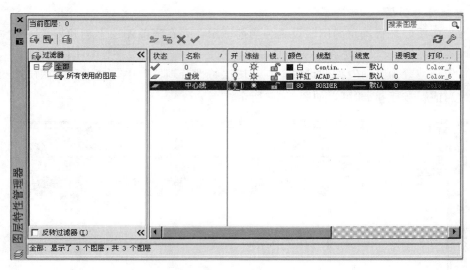

图 3.20 "图层特性管理器"开/关图层

3. 冻结/解冻图层

在复杂的图形中，冻结不需要的图层可以加快显示和重生的操作速度，冻结图层中的图形不显示在绘图区中。在"图层特性管理器"中，选择所需的图层，单击"冻结"按钮☀，即可完成图层的冻结。反之，则为解冻图层操作。

当然，使用功能面板中"图层"操作，同样也可以进行相关操作。

4. 锁定/解锁图层

当图层被锁定后，则该图层上所有的图形将无法进行修改或编辑，这样一来，可以降低意外修改对象的可能性。用户可在"图层特性管理器"中选中所需图层，单击"锁定/解锁"按钮🔓，即可将其锁定。反之，则为解锁操作。当光标移至被锁定的图形上时，光标右上角会显示锁定符号🔒。

5. 删除图层

若想删除多余的图层，可使用"图层特性管理器"中的"删除图层"按钮将其删除。具体操作为：在"图层特性管理器"中选中所需删除的图层（除当前图层外），单击"删除图层"按钮✖即可，如图 3.21 所示。

用户还可使用右键命令进行删除操作，其方法为：在"图层特性管理器"中选中所要删除的图层，单击鼠标右键，在快捷菜单中选择"删除图层"选项即可。

6. 隔离图层

图层隔离与图层锁定在用法上相似，但图层隔离只能将选中的图层进行修改操作，而其他未被选中的图层都为锁定状态，无法进行编辑修改；锁定图层只是将当前选中的图层进行锁定，无法编辑修改。方法如下：在菜单中选择"格式"→"图层工具"→"图层隔离"或用命令 LAYISO，命令窗口提示选择要隔离的对象，选择要隔离的对象，即将其隔离。取消图层隔离，应在菜单中选择"格式"→"图层工具"→"取消图层隔离"，即可。

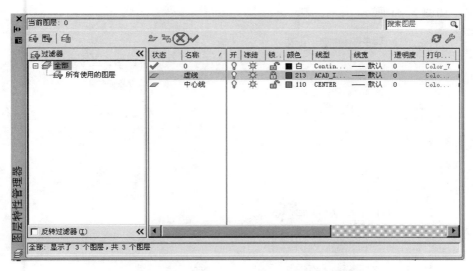

图 3.21 "图层特性管理器"中的删除图层

7. 保存并输出图层

在绘制一些较为复杂的图纸时，需要创建多个图层并对其进行相关设置。如果下次重新绘制这些图纸时，又要重新创建图层并设置图层特性，这样一来绘图效率会大大降低。若使用图层保存和调用功能，则可有效避免一些重复操作，从而提高绘图效率。操作如下：

（1）打开所需操作的图形文件，执行"图层特性"命令，打开"图层特性管理器"，单击"图层状态管理器"中的按钮，如图 3.22 所示。弹出"图层状态管理器"对话框，如图 3.23 所示。

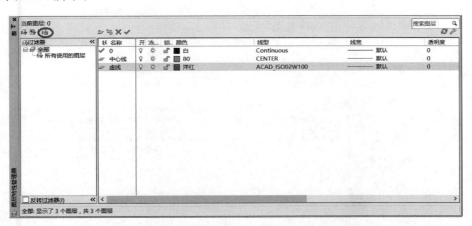

图 3.22 "图层特性管理器"对话框

（2）在"图层状态管理器"对话框中，单击"新建"按钮，弹出"要保存的新图层状态"对话框，如图 3.24 所示。

（3）在"要保存的新图层状态"对话框中，输入新图层状态名，例如，输入"辅助图层"，然后单击"确定"按钮，返回上一层，单击"输出"按钮，弹出"输出图层状态"

47

对话框，如图 3.25 所示。

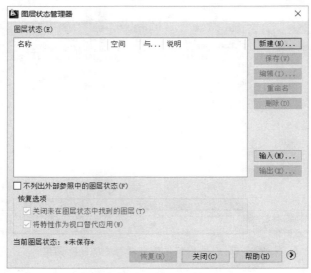

图 3.23　"图层状态管理器"对话框

图 3.24　"要保存的新图层状态"对话框

图 3.25　"输出图层状态"对话框

（4）在"输出图层状态"对话框中，选择输出路径及文件名，单击"保存"按钮，即可完成图层状态保存输出操作。

3.3 AutoCAD 辅助绘图功能

辅助绘图功能是 AutoCAD 为方便用户绘图而提供的一系列辅助工具，灵活使用这些辅助工具进行准确定位，可以有效地提高绘图的精度和效率。在 AutoCAD 2016 中，可以使用系统提供的栅格显示、正交、对象捕捉、对象捕捉追踪等功能，快速、精确地绘制图形。

3.3.1 捕捉、栅格和正交模式

在绘制图形时，尽管可以通过移动光标来指定点的位置，但却很难精确指定点的某一位置。在 AutoCAD 中，使用"捕捉"和"栅格"功能，可以用来精确定位点，提高绘图效率。

1. 启用捕捉和栅格

在 AutoCAD 窗口的状态栏中，单击"捕捉"和"栅格"按钮，可启用捕捉和显示栅格。

栅格是点或线的矩阵，遍布于整个图形界限内，AutoCAD 2016 的栅格类似于在图形下放置一张坐标纸，可以作为参考坐标。

捕捉模式用于限制十字光标移动的距离，使其按照用户定义的间距移动。捕捉模式可以精确地定位在栅格点上。

在菜单栏选择"工具→草图设置"命令，或在"栅格显示"按钮上单击右键，从快捷菜单中选择"网格设置"命令，打开"草图设置"对话框，如图 3.26 所示，在"捕捉和栅格"选项卡中进行相关设置。

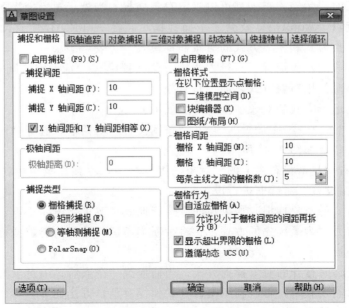

图 3.26 "草图设置"中的"捕捉和栅格"选项卡

在 AutoCAD 中，不仅可以通过"草图设置"对话框设置栅格和捕捉参数，还可以通过 GRID 与 SNAP 命令来设置。

（1）使用 GRID 命令。执行 GRID 命令时，其命令行显示如下提示信息：

指定栅格间距（X）或［开（ON）/关（OFF）/捕捉（S）/主（M）/自适应（D）/跟随（F）/纵横向间距（A）］＜10.0000＞：

默认情况下，需要设置栅格间距值。该间距不能设置太小，否则将导致图形模糊及屏幕重画太慢，甚至无法显示栅格。

（2）使用 SNAP 命令。执行 SNAP 命令时，其命令行显示如下提示信息：

指定捕捉间距或［开（ON）/关（OFF）/纵横向间距（A）/样式（S）/类型（T）］＜10.0000＞：

默认情况下捕捉间距为 10，需要指定捕捉间距，使用"开（ON）"选项，以当前栅格的分辨率和样式激活捕捉模式；使用"关（OFF）"选项，关闭捕捉模式，但保留当前设置。

2. 使用正交模式

AuotCAD 提供的正交模式也可以用来精确定位点，它将定点设备的输入限制为水平或垂直。

使用 ORTHO 命令，可以打开正交模式，用于控制是否以正交方式绘图。在正交模式下，可以方便地绘出与当前 X 轴或 Y 轴平行的线段。在 AutoCAD 窗口的状态栏中单击"正交"按钮，或按 F8 键，可以打开或关闭正交方式。

3. 对象捕捉功能

对象捕捉功能用于辅助用户精确地选择某些特定的点。如果在已画好的图形上拾取特定的点，例如交点、圆心、切点、端点等，就可以用相应的对象捕捉模式。

不论系统何时提示输入点，都可以指定对象捕捉。当处于对象捕捉模式时，只要将光标移到一个捕捉点，AutoCAD 就会显示捕捉提示。在 AutoCAD 中有两种捕捉模式，运行方式的对象捕捉模式和覆盖方式的对象捕捉模式。

（1）运行方式的对象捕捉。运行方式的对象捕捉模式一旦设定，则在用户关闭系统、改变设置或者临时使用覆盖方式之前一直有效。

打开或关闭运行方式的对象捕捉的方法如下：

1）在菜单"工具→绘图设置"，打开"草图设置"对话框，选择"对象捕捉"对要捕捉的对象进行设置，如图 3.27 所示。

2）用鼠标右键单击状态栏上的"对象捕捉"按钮，在弹出菜单中选择"对象捕捉设置"，打开"草图设置"对话框进行设置。

（2）覆盖方式的对象捕捉。如果在命令运行期间，要求指定一个点，可采用覆盖方式捕捉对象。覆盖方式为最优先的方式，它将中断当前运行的任何对象捕捉方式，而执行覆盖方式的对象捕捉。

覆盖方式是临时打开的对象捕捉方式，当捕捉到一个点后，该对象捕捉方式就自动关闭。在系统提示输入点时，可以利用覆盖方式捕捉对象，方法如下：

1）按住 Shift 键并用鼠标右键单击绘图窗口，弹出"对象捕捉"快捷菜单，如图

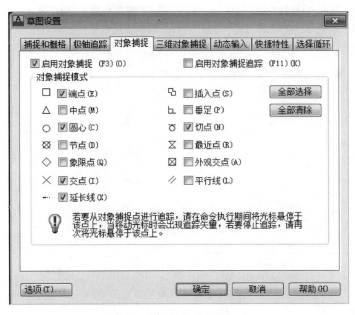

图 3.27　对象捕捉设置

3.28（a）所示。

2）在状态栏的"对象捕捉"按钮上单击鼠标右键弹出快捷菜单，如图 3.28（b）所示。

3）选择菜单"工具→工具栏→Auto-CAD→对象捕捉"显示浮动的对象捕捉工具栏。

【例 3.1】　过三角形的顶点绘制一条垂线。

（1）单击"绘图"功能面板上的"直线"按钮：

指定下一点或［放弃（U）］：100,0

指定下一点或［放弃（U）］：@100<120

指定下一点或［闭合（C）/放弃（U）]:C　　//绘制三角形

（2）单击"绘图"功能面板上的"直线"，首先选择三角形的一个顶点，然后移动鼠标至"对象捕捉"工具栏上，并单击"捕捉到垂足"按钮，启用该捕捉方式，根据命令提示捕捉垂足点（图 3.29）。

命令执行过程如下：

指定第一个点：　　　　　　　　　　　　　　//捕捉三角形的顶点

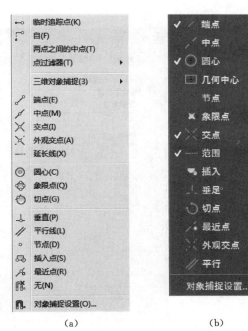

（a）　　　　　　　　　　（b）

图 3.28　对象捕捉设置

51

指定下一点或［放弃(U)］:　　　　　　　　//启用"捕捉到垂足"捕捉方式

指定下一点或［放弃(U)］:　　　　　　　　//拾取垂足点

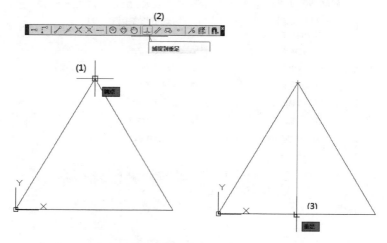

图 3.29　绘制过三角形顶点的垂线

3.3.2　自动追踪

自动追踪可按指定角度绘制对象，或者绘制与其他对象有特定关系的对象。自动追踪功能分为"极轴追踪"和"对象捕捉追踪"两种，是非常有用的辅助绘图工具。可在"草图设置"对话框的"极轴追踪"选项卡中对极轴追踪和对象捕捉追踪进行设置，如图 3.30 所示。

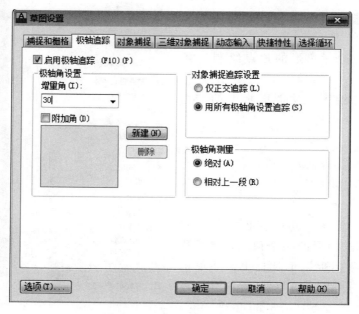

图 3.30　"极轴追踪"选项卡

极轴追踪是按事先给定的角度增量来追踪特征点。而对象捕捉追踪则按与对象的某种特定关系来追踪，这种特定的关系确定了一个未知角度。也就是说，如果事先知道要追踪的方向（角度），则使用极轴追踪；如果事先不知道具体的追踪方向（角度），但知道与其他对象的某种关系（如相交），则用对象捕捉追踪。极轴追踪和对象捕捉追踪可以同时使用。

1. 极轴追踪

创建或修改对象时，可以使用极轴追踪以显示由指定的极轴角度所定义的临时对齐路径，光标将按指定的角度进行移动。

光标移动时，如果接近极轴角，将显示对齐路径和工具提示。默认角度测量值为90°。可以使用对齐路径和工具提示绘制对象。

同时使用"PolarSnap"（极轴捕捉）如图 3.31 所示，光标将沿极轴角度按指定的增量进行移动。例如，要绘制一条长 120 个单位，与 X 轴成 30°角的直线，如果打开了 30°极轴角增量，并使用"PolarSnap"，极轴距离设为 20，那么确定直线第二点时当光标跨过 0°或 30°角时，将显示对齐路径和工具提示，光标将按指定的极轴距离增量进行移动，如图 3.32 所示。

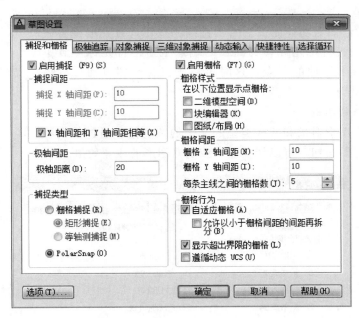

图 3.31 "PolarSnap"捕捉类型

2. 对象捕捉追踪

启用"对象捕捉"时只能捕捉对象上的点。对象捕捉追踪用于捕捉对象以外空间的一个点，可以沿指定方向、指定角度或其他对象的指定关系捕捉一个点。

【例 3.2】 利用对象捕捉追踪绘制图形上没有的端点。

在图 3.33 中利用对象捕捉追踪功能绘制出残缺部分的线段。

（1）在状态栏上的"对象捕捉"按钮上单击右键，在弹出的菜单中选择"对象捕捉设置"命令，然后在弹出的"草图设置"对话框中勾选"端点"和"延长线"复选框，如图

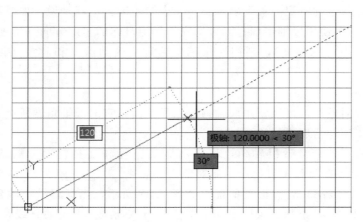

图 3.32 使用"PolarSnap"绘制直线

3.34 所示，最后单击"确定"按钮完成设置。

（2）通过按 F3 键打开对象捕捉，如果对象捕捉已经打开，就不需要再按此键。

（3）单击"绘图"功能面板上的"直线"按钮，首先捕捉直线段下方的端点，然后将光标移到圆弧的端点上，再将光标垂直下移，直到出现一个延伸的交点，这时再单击鼠标，即可捕捉到该点，如图 3.35 所示。

3.3.3 显示/隐藏线宽

线宽是指定图形对象和某些类型的文字的宽度值。通过单击状态栏上的"线宽"按钮，可以切换显示或隐藏图形的线宽效果。

图 3.33 对象捕捉追踪

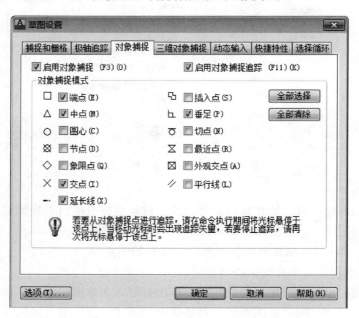

图 3.34 "草图设置"中的"对象捕捉"对话框

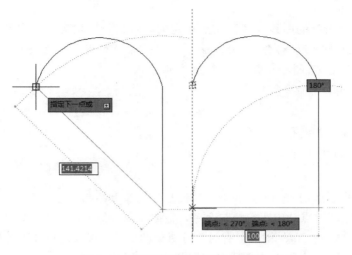

图 3.35　用对象追踪捕捉绘制图形

3.4　二　维　图　形　绘　制

在工程图的绘制中，使用二维绘图命令绘图是 AutoCAD 软件最基本的功能。利用这些命令可以绘制出各种基本图形，如直线、矩形、圆、多段线及样条曲线等。

3.4.1　绘制点

无论是直线、曲线还是其他线段，都是由多个点连接而成的。所以点是组成图形的基本元素。可以通过"单点""多点""定数等分"和"定距等分"来创建点对象。

1. 设置点样式

在默认情况下，点没有长度和大小，所以在绘图区中绘制一个点，很难看见。为了能够清晰地显示出点的位置，用户可以对点样式进行设置。在菜单栏中，执行"格式→点样式"命令，在打开的"点样式"对话框中，选中所需的点样式，并在"点大小"选项中，输入点的大小的值。如图 3.36 所示。

用户也可以在命令行输入"DDPTYPE"命令，按 Enter 键，同样也可以打开"点样式"对话框，进行点样式的设置。

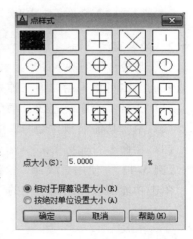

图 3.36　"点样式"对话框

2. 绘制点

点的绘制，可以绘制单一的点或多点。在菜单栏中，执行"绘图→点→单点"命令，输入点的坐标或在绘图窗口单击鼠标，就可在绘图窗口中绘制一个单点。在菜单栏中，执行"绘图→点→多点"命令，或在功能面板"绘图"中，单击"多点"按钮，在命令窗口可输入多点的坐标或在绘图窗口连续单击都可以绘制多个点，直到按 Esc 键结束点的绘制。

3. 绘制定数等分点

定数等分是将选择的曲线或线段按照指定的段数进行平均等分。定数等分可在菜单栏中，执行菜单"绘图→点→定数等分"命令，根据命令行提示，首先选择所等分的对象，然后输入等分段数，按 Enter 键。

定数等分也可以用命令完成。

命令：Divide

选择要定数等分的对象：

输入线段数目或［块（B）］：5

4. 绘制定距等分点

定距等分是指在选定的图形对象上，按照指定的长度绘制等分点。定距等分可在菜单栏中，执行菜单"绘图→点→定距等分"命令，根据命令行提示，首先选择所等分的对象，然后输入等分段长度，按 Enter 键。但有时等分对象的最后一段长度可能不等于指定长度。

【例 3.3】 在圆内绘制出 3 个顶点与圆相交的三角形。

（1）单击功能面板"绘图"中的"圆"按钮，以原点为圆心绘制一个半径为 10 的圆。

（2）执行菜单"绘图→点→定数等分"命令，将圆等分为 3 等分。

（3）右键单击状态栏中的"对象捕捉"按钮，选择"对象捕捉设置"，在弹出的"草图设置"对话框中，勾选"圆心"和"节点"复选框，然后单击"确定"按钮。

（4）单击功能面板"绘图"中的"直线"按钮，分别捕捉 3 个节点绘制三条直线，构成一个三角形。如图 3.37 所示。

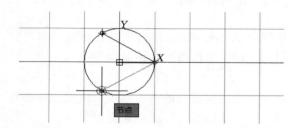

图 3.37　三个顶点与圆相交的三角形

3.4.2　绘制直线

直线是最常用的基本图形元素之一，任何二维线框图都可以用直线段构成。在 AutoCAD 中直线的绘制可以采用如下三种方式：

（1）执行"绘图→直线"菜单命令。

（2）单击功能面板"绘图"中的"直线"按钮。

（3）在命令行输入 Line（简化命令为 L），并按 Enter 键。

【例 3.4】　使用直线命令绘制不规则图形（图 3.38）。

单击功能面板"绘图"中的"直线"按钮，绘图过程如下：

命令：line

指定第一个点：0,0　　　　　　　　　　　　//任意指定一点

指定下一点或［放弃（U）］：@10,50　　　　//绘制线段 A

指定下一点或［放弃（U）］：@50<30　　　　//绘制线段 B

指定下一点或［闭合（C）/放弃（U）］：@30<90　　//绘制线段 C

指定下一点或［闭合（C）/放弃（U）］：@100<−45　　//绘制线段 D

指定下一点或［闭合（C）/放弃（U）］：C　　//自动闭合,绘制线段 E

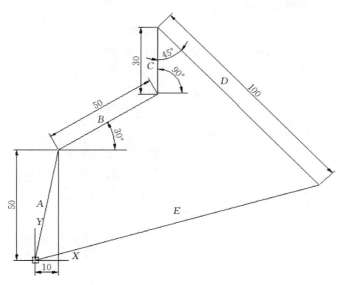

图 3.38 不规则图形

3.4.3 绘制构造线

构造线是一条无限延长的直线，它可以从指定点向两个方向无限延伸，主要用于绘制辅助线。

执行绘制构造线的命令可以用如下三种方式：

（1）单击功能面板"绘图"中的"构造线"按钮。

（2）执行"绘图→构造线"菜单命令。

（3）在命令行中输入 Xline 命令，并按 Enter 键或空格键。

执行 Xline 命令提示如下：

命令：Xline

指定点或［水平（H）/垂直（V）/角度（A）/二等分（B）/偏移（O）]：

命令行各选项说明如下：

水平（H）：绘制通过指定点的水平构造线，也就是与 X 轴平行的构造线；

垂直（V）：绘制通过指定点的垂直构造线，也就是与 Y 轴平行的构造线；

角度（A）：绘制与 X 轴呈指定角度的构造线；

二等分（B）：绘制通过指定角的顶点且平分该角的构造线；

偏移（O）：绘制以指定距离平行于指定直线的构造线。

【例 3.5】 用 Xline 将圆进行八等分。

（1）首先单击"绘图"功能面板中的"圆"按钮，以（10，10）为圆心，20 为半径画圆。

（2）单击"绘图"功能面板中的"构造线"按钮，过圆心绘制水平构造线，同样方法再绘制一条过圆心的垂直构造线。

（3）单击"绘图"功能面板中的"构造线"按钮，绘制过圆心与 X 轴呈 45°角的构造线。同样方法再绘制一条过圆心与 X 轴呈−45°角的构造线，如图 3.39 所示。

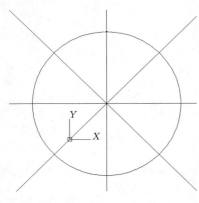

图 3.39　用 XLine 八分圆

3.4.4　绘制矩形

使用 Rectang（矩形）命令可以绘制矩形，包括长方形和正方形。在 AutoCAD 中，执行 Rectang（矩形）命令可用如下三种方式：

（1）在命令行中输入 Rectang 命令，并按 Enter 键或空格键。

（2）单击"绘图"功能面板中的"矩形"按钮。

（3）执行"绘图→矩形"菜单命令。

Rectang 命令提示如下：

命令：Rectang
指定第一个角点或［倒角（C）/标高（E）/圆角（F）/厚度（T）/宽度（W）］：
指定另一个角点或［面积（A）/尺寸（D）/旋转（R）］：

命令行主要选项说明如下：

（1）倒角（C），设置矩形倒角的距离，用于绘制倒角矩形，如图 3.40 所示，命令提示如下：

指定第一个角点或［倒角（C）/标高（E）/圆角（F）/厚度（T）/宽度（W）］：C
指定矩形的第一个倒角距离 ＜0.0000＞：3
指定矩形的第二个倒角距离 ＜3.0000＞：2

（2）圆角（F）指定圆角半径，如图 3.41 所示。

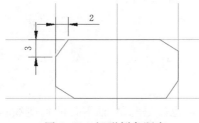

图 3.40　矩形倒角距离

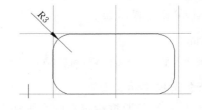

图 3.41　矩形倒角半径

（3）宽度（W）为绘制的矩形指定多段线的宽度。

【例 3.6】　绘制一个线宽度为 3mm，100mm × 60mm 的倒角矩形，倒角距离为 10mm。

命令执行过程如下：

命令：Rectang
指定第一个角点或［倒角（C）/标高（E）/圆角（F）/厚度（T）/宽度（W）］：W
指定矩形的线宽 ＜0.0000＞：3　　　　　//线宽度
指定第一个角点或［倒角（C）/标高（E）/圆角（F）/厚度（T）/宽度（W）］：C
指定矩形的第一个倒角距离 ＜0.0000＞：10　　　　//输入倒角距离

指定矩形的第二个倒角距离 <10.0000>：10　　　　//输入倒角距离

指定第一个角点或 [倒角(C)/标高(E)/圆角(F)/厚度(T)/宽度(W)]：　//任意拾取一点

指定另一个角点或 [面积(A)/尺寸(D)/旋转(R)]：@100,60　　　　//第二点

3.4.5 绘制正多边形

创建多边形是绘制等边三角形、正方形、正五边形、正六边形等的简单方法，执行绘制多边形的命令可用如下 3 种方式：

(1) 在命令行中输入 Ploygon 命令，并按 Enter 键或空格键。

(2) 单击"绘图"功能面板的"正多边形"按钮。

(3) 执行"绘图→正多边形"菜单命令。

可绘制边数为 3～1024、内接于圆或外切于圆的正多边形，如图 3.42 所示。

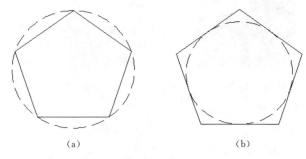

(a)　　　　　　　　　　　　　　(b)

图 3.42　绘制正多边形

(a) 内接于圆；(b) 外切于圆

3.4.6 绘制曲线对象

AutoCAD 提供了多种曲线绘制的命令，例如可以绘制圆、圆弧、椭圆和椭圆弧。

1. 圆的绘制

圆是最常用的基本图形，AutoCAD 提供了 6 种绘制圆的方法，可以通过"绘图"菜单来执行，用户可以根据不同的已知条件来选择不同的绘制方式。

执行 Circle 命令可用如下 3 种方式：

(1) 在命令行输入 Circle 命令，并按 Enter 键或空格键。

(2) 单击"绘图"功能面板中的"圆"按钮，然后在菜单中选择所需的绘图方式，如图 3.43 所示。

(3) 执行"绘图→圆"菜单命令，然后在子菜单中选择所需要的绘制方式，如图 3.44 所示。

【例 3.7】 用 6 种不同的方法画圆。

(1) 采用圆心、半径绘制一个圆心坐标为 (100，100)、半径为 50 的圆，命令执行如下。

命令：Circle

指定圆的圆心或 [三点(3P)/两点(2P)/切点、切点、半径(T)]：100,100　　//指定圆心

指定圆的半径或 [直径(D)]：50　　//输入半径

(2) 已知圆心坐标为 (100，100)，绘制一个直径为 100 的圆，命令执行如下。

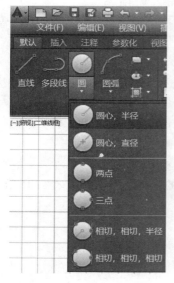

图 3.43 功能面板画圆　　　　　图 3.44 绘图菜单画圆

命令：Circle

指定圆的圆心或［三点（3P）/两点（2P）/切点、切点、半径（T）］：100,100

指定圆的半径或［直径（D）］＜50.0000＞：D

指定圆的直径 ＜100.0000＞：100

（3）采用两点绘制一个直径为 80 的圆，命令执行如下。

命令：Circle

指定圆的圆心或［三点（3P）/两点（2P）/切点、切点、半径（T）］：2P

指定圆直径的第一个端点：　　　　　　//拾取直径的端点

指定圆直径的第二个端点：@80,0　　　//输入第二点的相对坐标

（4）采用三点法绘制一个圆，命令执行如下。

命令：Circle

指定圆的圆心或［三点（3P）/两点（2P）/切点、切点、半径（T）］：3P

　　指定圆上的第一个点：　　　　　　//拾取第一个端点

　　指定圆上的第二个点：　　　　　　//拾取第二个端点

　　指定圆上的第三个点：　　　　　　//拾取第三个端点

（5）采用相切、相切、半径画圆，命令执行如下，如图 3.45 所示。

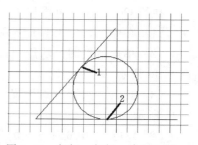

图 3.45 相切、相切、半径画圆

命令：Circle

　　指定圆的圆心或［三点（3P）/两点（2P）/切点、切点、半径（T）］：T

　　指定对象与圆的第一个切点：　　//拾取切点 1

　　指定对象与圆的第二个切点：　　//拾取切点 2

指定圆的半径 <60.0000>：30　//输入半径

（6）采用相切、相切、相切法画圆，单击"绘图→圆→相切、相切、相切"菜单命令，命令执行如下。

命令：Circle
指定圆的圆心或［三点(3P)/两点(2P)/切点、切点、半径(T)］：3P
指定圆上的第一个点：　　　　　　//捕捉第一个切点
指定圆上的第二个点：　　　　　　//捕捉第二个切点
指定圆上的第三个点：　　　　　　//捕捉第三个切点

2．圆弧的绘制

圆弧是圆的一部分，也是最常用的基本图元。AutoCAD 提供了 11 种绘制圆弧的方法，这些方法在"绘图"菜单下的"圆弧"选项中，用户可以根据不同的条件选择不同的绘制方法。

执行 Arc 命令可用如下 3 种方式：

（1）在命令行中输入 Arc，并按 Enter 键或空格键。

（2）单击"绘图"功能面板中的"圆弧"按钮，如图 3.46 所示。

（3）在"绘图"菜单中单击"圆弧"命令，然后在子菜单中选择不同的绘制方式。如图 3.47 所示。

图 3.46　功能面板绘制"圆弧"

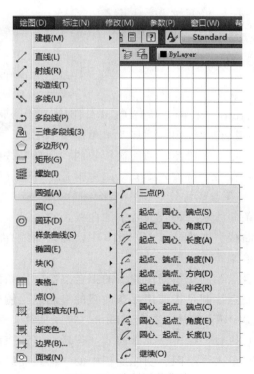

图 3.47　绘制圆弧菜单

3．绘制椭圆和椭圆弧

椭圆有长半轴和短半轴之分，长半轴与短半轴的值决定了椭圆的形状，用户可以通过设置椭圆的起始角和终止角绘制椭圆弧，执行绘制椭圆的命令也可以用"命令""功能面板"和"菜单"。

椭圆的绘制方法有 3 种，分别为"圆心""轴、端点"和"椭圆弧"，其中"圆心"为系统默认方式。

（1）圆心。该方式是指定一个点作为椭圆的圆心，然后再分别指定椭圆的长半轴长度和短半轴长度。

（2）轴、端点。该方式是指定一个点为椭圆半轴的起点，指定第二个点为长半轴（或短半轴）的端点，指定第三个点为短半轴（或长半轴）的半径点。

（3）椭圆弧。该方式与"轴、端点"的绘制方式相似，使用该方法可以绘制完整的椭圆，也可以绘制一段椭圆弧。

4．圆环的绘制

圆环实质上是一种多段线，使用 Donut（圆环）命令可以绘制圆环。圆环可以有任意的内径与外径，如果内径与外径相等，则圆环就是一个普通的圆，如果内径为 0，则圆环为一个实心圆，如图 3.48 所示。

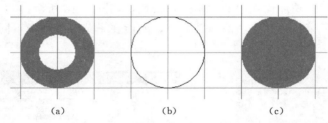

（a）　　　　　　　（b）　　　　　　　（c）

图 3.48　不同内径的圆环

（a）内径为 10，外径为 20 的圆环；（b）内径为 20，外径为 20 的圆环；（c）内径为 0，外径为 20 的圆环

在 AutoCAD 中，执行 Donut（圆环）命令可用如下 3 种方式：

（1）执行"绘图→圆环"菜单命令。

（2）单击"绘图"功能面板中的"圆环"按钮。

（3）在命令行输入 Donut，并按 Enter 键。

5．样条曲线的绘制

样条曲线是一种较为特别的曲线，它通过一系列指定点生成的光滑曲线，用来绘制不规则的曲线。在 AutoCAD 2016 中，样条曲线有两种绘制模式，分别是"拟合点"和"控制点"绘制。

拟合点绘制使指使用曲线的拟合点绘制样条曲线。

控制点绘制是指使用样条曲线的控制点绘制样条曲线。

在 AutoCAD 中，执行 Spline（样条曲线）命令可用如下 3 种方式：

（1）执行"绘图→样条曲线→拟合点（或控制点）"菜单命令。

（2）单击"绘图"功能面板中的"样条曲线拟合"（或样条曲线控制点）按钮　。

（2）在命令行输入 Spline，并按 Enter 键。

3.4.7　绘制与编辑多线

多线一般是有多条平行线组成的对象，平行线之间的间距和线的条数可以设置。多线主要用于绘制建筑平面图的墙体、电子线路图等平行线对象。用户通过定义多线样式来设置多线的条数、各条线的线型与颜色。

1. 创建多线样式

选择命令菜单"格式→多线样式",打开"多线样式"对话框,如图 3.49 所示,可以由用户自定义样式,根据需要定义不同的线数、线型、封口和颜色等。

单击"新建"按钮,打开"创建新的多线样式"对话框,如图 3.50 所示。

在对话框的"新样式名"文本框中输入新样式的名称,并通过"基础样式"下拉列表框选择基础样式,单击"继续"按钮,打开"新建多线样式"对话框,如图 3.51 所示。

在"新建多线样式"对话框中可以设置多线的封口、线的条数、线型和颜色。

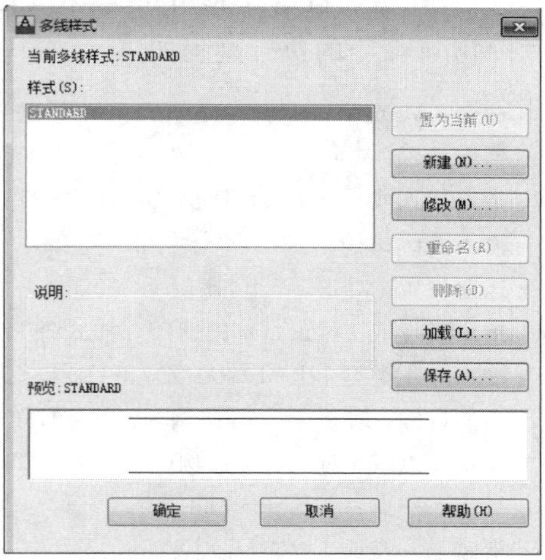

图 3.49 "多线样式"对话框

2. 多线的绘制

在 AutoCAD 中,执行 Mline(多线)命令有如下两种方式:

图 3.50 "创建新的多线样式"对话框

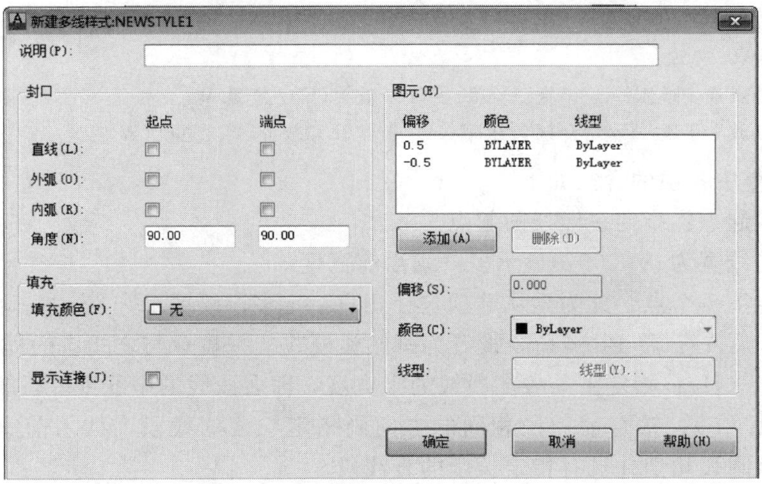

图 3.51 "新建多线样式"对话框

（1）在菜单栏中执行"绘图→多线"命令，并根据命令提示，设置多线的比例和样式，然后指定多线的起点和终点。

（2）在命令行输入 Mline，并按 Enter 键。

Mline 命令的执行过程如下：

命令：Mline	//输入"多线"命令
当前设置：对正 = 上,比例 = 40.00,样式 = STANDARD	
指定起点或［对正(J)/比例(S)/样式(ST)］:S	//选择"比例"选项
输入多线比例＜20.00＞: 10	//输入比例值,按 Enter 键
当前设置：对正 = 上,比例 = 10.00,样式 = STANDARD	
指定起点或［对正(J)/比例(S)/样式(ST)］: J	//选择"对正"选项
输入对正类型［上(T)/无(Z)/下(B)］＜上＞: Z	//选择对正类型
当前设置：对正 = 无,比例 = 10.00,样式 = STANDARD	
指定起点或［对正(J)/比例(S)/样式(ST)］:	//指定起始点
指定下一点：	//指定下一点
指定下一点或［放弃(U)］:	

3.4.8　绘制与编辑多段线

多段线是由相连的直线和圆弧组成，在直线和圆弧曲线之间可以进行自由切换。用户可以设置多段线的宽度，也可以在不同的线段中设置不同的宽度，线段的始末端点也可以设置为不同的线宽。

执行 Pline 命令可用如下 3 种方式：

（1）在命令行中输入 Pline 命令，并按回车键。

（2）在菜单栏中执行"绘图→多段线"命令。

（3）在"绘图"功能面板中单击"多段线"按钮。

执行 Pline 命令提示如下：

命令:Pline
指定起点：
当前线宽为:0.0000
指定下一个点或［圆弧(A)/半宽(H)/长度(L)/放弃(U)/宽度(W)］: //指定多段线的起点
指定下一点或［圆弧(A)/闭合(C)/半宽(H)/长度(L)/放弃(U)/宽度(W)］:

Pline 命令中各项的含义如下：

（1）指定起点：指定多段线的起点。

（2）当前线宽为 0.0000：显示多段线当前宽度。

（3）指定下一个点：此为默认选项，让用户指定多段线的下一点。

（4）圆弧（A）：将 Pline 命令设置为画圆弧模式，并显示与之相应的提示。

（5）半宽（H）：指定下一段多段线的半宽度，即多段线的中线到多段线边界的宽度。

（6）长度（L）：按与前一段相同的方向画指定长度的线段，如果前一线段为圆弧，则画一条与该圆弧相切并具有指定长度的直线段。

（7）放弃（U）：将最后加到多段线中的线段或圆弧删除。

（8）宽度（W）：指定下一段多段线的宽度。

（9）闭合（C）：从当前位置画一条直线到多段线的起点，形成一条封闭的多段线，并结束该 Pline 命令。

（10）如果选择 Pline 命令的"圆弧（A）"选项，将切换到圆弧模式，并显示如下提示：

指定圆弧的端点或[角度(A)/圆心(CE)/闭合(CL)/方向(D)/半宽(H)/直线(L)/半径(R)/第二个点(S)/放弃(U)/宽度(W)]：

按显示的提示绘制相应的圆弧。

【例 3.8】 绘制门洞

执行"绘图→多段线"菜单命令，绘制过程如下，如图 3.52 所示。

（1）指定第一个点（50，0）。

（2）用相对坐标指定下一个点：@−6，0。

（3）用相对坐标指定下一个点：@0，39。

（4）设置线宽，起点、终点都为 1.5。

（5）用相对坐标指定下一个点：@34，0。

（6）用相对坐标指定下一个点：@0，−39。

（7）设置线宽，起点、终点都为 0。

（8）用相对坐标指定下一个点：@−6，0。

（9）用相对坐标指定下一个点：@0，20。

（10）改为绘制圆弧。

（11）设置线宽，起点为 0、终点为 1.5。

（12）用相对坐标指定圆弧下一个点：@−22，0。

（13）改为绘制直线。

（14）闭合多段线。

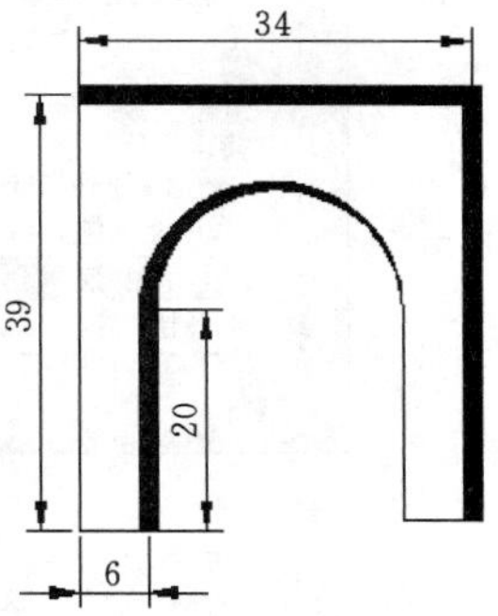

图 3.52 多段线实例

3.5 图 形 编 辑

在 AutoCAD 2016 中提供了丰富的图形编辑命令，如复制、移动、删除、旋转、镜像、偏移、阵列、拉伸、修剪等。使用这些编辑命令，可以对图形进行编辑和修改。

3.5.1 图形对象选择

在编辑图形对象之前，首先要选择编辑的对象，AutoCAD 用虚线亮显所选的对象，这些对象构成对象的选择集。选择集可以包含单个对象，也可以包含多个对象。

1. 选择集的设置

用户可以通过"选项"对话框中的"选择集"选项卡来设置选择集模式，如图 3.53 所示。"选项"对话框可通过菜单的"工具→选项"或快捷菜单的"选项"打开。在"选项"对话框的"选择集"选项卡中，用户可以进行选择集模式、拾取框大小、夹点大小、夹点等设置。

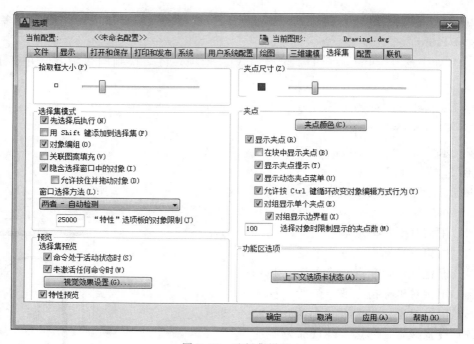

图 3.53 选择集设置

2. 常用选择对象的方法

AutoCAD 中选择对象的方法较多，可以通过单击对象逐个拾取，也可用矩形窗口或交叉窗口选择，AutoCAD 常用的选择对象方法有如下几种。

（1）单击对象直接选取。在 AutoCAD 提示"选择对象"时十字光标就会变成一个拾取框"□"，通过单击就可以拾取对象。

（2）窗口选择。窗口（Window）选择是通过对角线的两个端点来定义矩形区域"窗口"，凡是落在矩形窗口内的图形都会被选中，如图 3.54 所示。

在"选择对象"提示后输入 W，并按 Enter 键，系统提示用户输入矩形窗口的两个角点。

选择对象：W

指定第一个角点：指定对角点：找到 1 个　　　　　//提示输入两个角点

或者在提示"选择对象"时按下左键，从左向右拖动光标，选择完全落入窗口的对象。

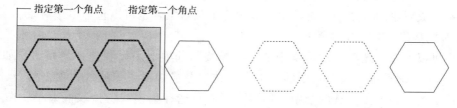

图 3.54 窗口选择对象

（3）交叉窗口选择（Crossing）。交叉窗口选择是通过对角线的两个端点来定义矩形区域"窗口"，凡是完全落在矩形窗口内及与矩形窗口相交的图形都会被选中。

在"选择对象"提示后输入 C，并按 Enter 键，系统提示用户指定矩形窗口。

选择对象：C

指定第一个角点：指定对角点：找到 3 个

或者在提示"选择对象"时按下左键，从右向左拖动光标，选择完全落入窗口或与窗口相交的对象。

（4）矩形窗口（Box）。矩形窗口选择法同样是通过对角线的两个端点来定义一个矩形窗口，选择完全落在该窗口内以及与窗口相交的图形。

需要注意的是，指定对角线的两个端点的顺序不同将会对图形的选择有所影响，如果对角线的两个端点是从左向右指定，则该方法等价于窗口（Window）选择法；如果对角线的两个端点是从右向左指定的，则该方法等价于交叉窗口（Crossing）选择法。

（5）最后一个（Last）。选择所有可见对象中最后一个创建的图形对象。在"选择对象"提示后输入 Last，并按 Enter 键。

（6）全部（All）。选择屏幕上显示的所有图形对象。在"选择对象"提示后输入 All，并按 Enter 键，则全部图形被选中。

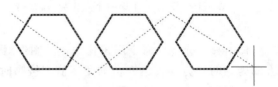

图 3.55 用"栏选线"选择图形对象

（7）栏选线（Fence）。选择所有与栏选线相交的图形对象。在"选择对象"提示后输入 F，并按 Enter 键，命令执行过程如下，如图 3.55 所示。

选择对象:F

指定第一个栏选点：

指定下一个栏选点或［放弃(U)］：

指定下一个栏选点或［放弃(U)］：

指定下一个栏选点或［放弃(U)］：

指定下一个栏选点或［放弃(U)］：

找到 3 个

（8）窗口多边形（Wpolygon）。选择所有落在窗口多边形内的图形。窗口多边形方法定义了一个多边形窗口，而窗口（Window）方法定义了一个矩形窗口。

（9）交叉多边形（Cpolygon）。选择所有落在多边形内以及与多边形相交的图形对象。

3.5.2 删除对象

用于删除选中的对象。执行 Erase 命令可用以下 3 种方法：

（1）在命令行中输入 Erase，并按 Enter 键或空格键。

（2）执行"修改→删除"菜单命令。

（3）单击"修改"功能面板中的"删除"按钮。

3.5.3 移动或旋转对象

可以移动对象，也可以旋转对象。

1. 移动对象

Move（移动）命令用于将选定的图形对象从当前位置平移到新的指定位置，而不改变对象的大小和方向。

执行 Move 命令可用以下 3 种方法：

（1）在命令行中输入 Move，并按 Enter 键或空格键。

（2）执行"修改→移动"菜单命令。

（3）单击"修改"功能面板中的"移动"按钮 ✛。

移动命令的执行过程如下：

命令：Move
选择对象：找到 1 个　　　　　　　　　　　　　　//选择移动对象
选择对象：　　　　　　　　　　　　　　　　　　//点击右键或按 Enter 键结束选择
指定基点或［位移(D)］<位移>：　　　　　　　　//指定平移基点
指定第二个点或 <使用第一个点作为位移>：　　　//指定平移下一坐标点

2. 旋转对象

Rotate（旋转）命令用于将选定的图形对象绕一个指定的基点进行旋转，默认的旋转方向为逆时针方向，输入负的角度值则按顺时针方向旋转对象。

执行 Rotate 命令可用以下 3 种方法：

（1）在命令行中输入 Rotate，并按 Enter 键或空格键。

（2）执行"修改→旋转"菜单命令。

（3）单击"修改"功能面板中的"旋转"按钮 ◯。

Rotate 命令的执行过程如下，如图 3.56 所示。

命令：Rotate
UCS 当前的正角方向：　ANGDIR＝逆时针　ANGBASE＝0
选择对象：指定对角点：找到 4 个　　　　　　　　//选择旋转对象
选择对象：　　　　　　　　　　　　　　　　　　//结束选择对象的操作
指定基点：　　　　　　　　　　　　　　　　　　//指定旋转的基点
指定旋转角度，或［复制(C)/参照(R)］<25>：　45　//输入旋转的角度

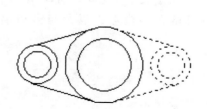
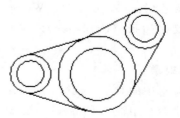

图 3.56　将图的右半部分绕大圆圆心旋转 45°

3.5.4 图形对象的复制

在 AutoCAD 中，若想快速绘制多个图形，则可以使用复制、偏移、镜像、阵列等命令进行绘制。灵活使用这些命令，可以提高绘图的效率。

1. 复制对象

复制（Copy）命令用于将选定的对象复制到指定位置，而原对象不受任何影响。

执行 Copy 命令可用以下 3 种方法：

（1）在命令行中输入 Copy，并按 Enter 键或空格键。

（2）执行"修改→复制"菜单命令。

（3）单击"修改"功能面板中的"复制"按钮 。

Copy 命令的执行过程如下：

命令：Copy

选择对象：指定对角点：找到 11 个   //选择要复制的对象

选择对象：   //完成选择

当前设置： 复制模式 ＝ 多个

指定基点或［位移（D）/模式（O）］＜位移＞：   //指定复制对象的基点

指定第二个点或［阵列（A）］＜使用第一个点作为位移＞：//输入下一点，由两点确定移动的位移

指定第二个点或［阵列（A）/退出（E）/放弃（U）］＜退出＞：

注意：在复制过程中可以设置复制模式，如果选"单个（S）"模式，只能对选择的对象复制一次，选择"多个（M）"模式，则可以复制多次。

2. 偏移对象

偏移对象（Offset）用于创建其造型与原始对象相平行的新对象，可用于创建同心圆、平行线或等距曲线。可以偏移直线、圆弧、圆、椭圆、椭圆弧、二维多段线、样条曲线等图形对象，如图 3.57 所示。

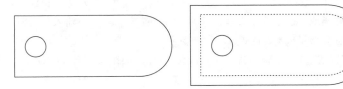

图 3.57 对象偏移

执行 Offset 命令可用以下 3 种方法：

（1）在命令行中输入 Offset，并按 Enter 键或空格键。

（2）执行"修改→偏移"菜单命令。

（3）单击"修改"功能面板的"偏移"按钮 。

Offset 命令的执行过程如下：

命令：Offset

当前设置：删除源＝否　图层＝源　OFFSETGAPTYPE＝0

指定偏移距离或［通过（T）/删除（E）/图层（L）］＜10.0000＞：5   //指定偏移的距离

选择要偏移的对象,或［退出(E)/放弃(U)］＜退出＞: 　　//选择对象,一次只能选择一个对象

指定要偏移的那一侧上的点,或［退出(E)/多个(M)/放弃(U)］＜退出＞://在图形的一侧单击鼠标

选择要偏移的对象,或［退出(E)/放弃(U)］＜退出＞: 　　　　　　//结束命令

3. 阵列对象

阵列（Array）命令用于对所选定的图形对象有规律地多重复制,从而可以建立一个矩形、环形或者沿路径的阵列。

（1）矩形阵列对象。矩形阵列（Arrayrect）命令用于对所选定的图形对象按行与列整齐排列组成纵横对称的图案。

执行 Arrayrect 命令可用以下 3 种方法:

1）在命令行中输入 Arrayrect,并按 Enter 键或空格键。

2）执行"修改→阵列→矩形阵列"菜单命令。

3）单击"修改"功能面板中的"矩形阵列"按钮▦。

Arrayrect 命令执行过程如下:

命令: Arrayrect

选择对象: 找到 1 个　　　　　　　　　　　　　　　　　//选择阵列对象

选择对象:

类型 ＝ 矩形　关联 ＝ 是

选择夹点以编辑阵列或［关联(AS)/基点(B)/计数(COU)/间距(S)/列数(COL)/行数(R)/层数(L)/

退出(X)］＜退出＞:COL　　　　　　　　　　　　　//选择"列数"选项

输入列数或［表达式(E)］＜4＞:3　　　　　　　　　//输入列数

指定 列数 之间的距离或［总计(T)/表达式(E)］＜30＞:25　　//输入列间距

选择夹点以编辑阵列或［关联(AS)/基点(B)/计数(COU)/间距(S)/列数(COL)/行数(R)/层数(L)/

退出(X)］＜退出＞:R　　　　　　　　　　　　　//选择"行数"选项

输入行数或［表达式(E)］＜3＞: 2　　　　　　　　　//输入行数

指定 行数 之间的距离或［总计(T)/表达式(E)］＜30＞:25　　//输入行间距

指定 行数 之间的标高增量或［表达式(E)］＜0＞:

选择夹点以编辑阵列或［关联(AS)/基点(B)/计数(COU)/间距(S)/列数(COL)/行数(R)/层数(L)/

退出(X)］＜退出＞:　　　　　　　　　　　　　//退出命令

Arrayrect 命令提示行中的主要选项含义如下:

1）选择对象:选择要阵列的对象。

2）关联:指定阵列中的对象是关联的还是独立的。

3）基点:定义阵列基点和基点夹点的位置。

4）计数:指定行数和列数并使用户在移动光标时可以动态观察结果。

5）间距:指定行间距和列间距并使用户在移动光标时可以动态观察结果。

6）行数:指定阵列中的行数。

7）行间距:指定从每个对象的相同位置测量时,行之间的距离。

8）列数:指定阵列中的列数。

9）列间距:指定从每个对象的相同位置测量时,列之间的距离。

10）层：指定三维阵列的层数和层间距。

（2）环形阵列对象。环形阵列（Arraypolar）命令用于对所选定的图形对象绕中心点或旋转轴均匀阵列。

执行 Arraypolar 命令可用以下 3 种方法：

1）在命令行中输入 Arraypolar，并按 Enter 键或空格键。

2）执行"修改→阵列→环形阵列"菜单命令。

3）单击"修改"功能面板中的"环形阵列"按钮 ⊞。

【例 3.9】 将图 3.58 的扇叶阵列为 3 个扇叶，Arraypolar 命令执行过程如下：

命令：Arraypolar
选择对象：找到 1 个   //选择阵列的对象
选择对象：
类型 ＝ 极轴 关联 ＝ 是
指定阵列的中心点或［基点（B）/旋转轴（A）］：   //指定阵列的中心，即捕捉圆心
选择夹点以编辑阵列或［关联（AS）/基点（B）/项目（I）/项目间角度（A）/填充角度（F）/行（ROW）/层
（L）/旋转项目（ROT）/退出（X）］＜退出＞：I   //选择阵列项目
输入阵列中的项目数或［表达式（E）］＜6＞：3   //选择阵列项目数
选择夹点以编辑阵列或［关联（AS）/基点（B）/项目（I）/项目间角度（A）/填充角度（F）/行（ROW）/层
（L）/旋转项目（ROT）/退出（X）］＜退出＞：   //退出命令

阵列后的图形为图 3.59 所示。

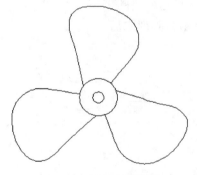

图 3.58　阵列前图形　　　　　　图 3.59　阵列后的图形

Arraypolar 命令中提示的含义如下：

1）选择对象：选择要在阵列中使用的对象。

2）基点：指定阵列的基点。

3）旋转轴：由两个指定点定义的旋转轴。

4）关联：指定阵列中的对象是关联的还是独立的。

5）项目：使用值或表达式指定阵列中的项目数。注意当在表达式中定义填充角度时，结果值中的数学符号（＋或－）不会影响阵列的方向。

6）项目间角度：使用值或表达式指定项目之间的角度。

7）填充角度：使用值或表达式指定阵列中第一个和最后一个项目之间的角度。

8）旋转项目：控制在排列项目时是否旋转项目。

（3）沿路径阵列对象。使用 Arraypath 命令可以沿路径或部分路径均匀分布对象副本。路径可以是直线、多段线、样条曲线、螺旋线、圆弧、圆、椭圆等。

执行 Arraypath 命令可用以下 3 种方法：

1）在命令行中输入 Arraypath，并按 Enter 键或空格键。

2）执行"修改→阵列→路径阵列"菜单命令。

3）单击"修改"功能面板中的"路径阵列"按钮 。

图 3.60 所示为阵列之前。Arraypath 命令执行过程如下：

命令：Arraypath
选择对象：指定对角点：找到 6 个　　　　　　　　　　　　　//选择阵列对象
选择对象：
类型 ＝ 路径　关联 ＝ 是
选择路径曲线：　　　　　　　　　　　　　　　　　　　　　//选择阵列路径
选择夹点以编辑阵列或［关联(AS)/方法(M)/基点(B)/切向(T)/项目(I)/行(R)/层(L)/对齐项目
(A)/Z 方向(Z)/退出(X)］＜退出＞：I　　　　　　　　　　//选择"项目"选项
指定沿路径的项目之间的距离或［表达式(E)］＜36.8406＞：30 //输入阵列间距
最大项目数 ＝ 5
指定项目数或［填写完整路径(F)/表达式(E)］＜5＞：　　　　//输入阵列数目
选择夹点以编辑阵列或［关联(AS)/方法(M)/基点(B)/切向(T)/项目(I)/行(R)/层(L)/对齐项目
(A)/Z 方向(Z)/退出(X)］＜退出＞：　　　　　　　　　　//完成操作

图 3.61 所示为阵列之后。

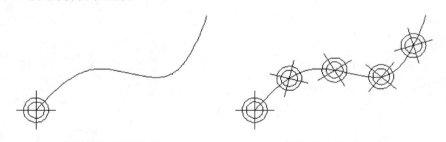

图 3.60　阵列之前　　　　　　　　　　图 3.61　阵列之后

4. 镜像对象

镜像（Mirror）对象是将选择的图形以两个点为镜像中心进行对称复制。在镜像操作时，用户需指定镜像轴线，并根据需要选择删除或保留原对象。在绘制对称的图形时，可以先绘制图形的一半，然后将其镜像，即可完成图形的绘制。

执行 Mirror 命令可用以下 3 种方法：

（1）在命令行中输入 Mirror，并按 Enter 键或空格键。

（2）执行"修改→镜像"菜单命令。

（3）单击"修改"功能面板中的"镜像"按钮 。

将图 3.62 的路灯镜像，Mirror 命令执行过程如下：

命令：Mirror

选择对象：指定对角点：找到 7 个 //框选要镜像的对象

选择对象：

指定镜像线的第一点： //指定镜像线第一点

指定镜像线的第二点： //指定镜像线第二点

要删除源对象吗？［是(Y)/否(N)］＜N＞： //按 Enter 键,不删

除源对象

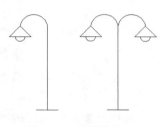

图 3.62 图形镜像

注意：在创建文字镜像时，如果是镜像的文字翻转或倒置，可以通过设置系统变量 MIRRTEXT 来完成，如图 3.63 所示。

图 3.63 文字镜像

3.5.5 修改对象的形状与大小

在绘图过程中，经常需要对线段进行修剪、延伸、拉伸等操作，下面介绍相应的命令。

1. 修剪对象

修剪（Trim）命令是用指定的切割边去裁剪所选定的对象。切割边和被选定的对象可以是直线、圆弧、圆、构造线和样条曲线等。

选择时的拾取点决定了被剪掉的部分，如果拾取点位于切割边的交点与对象的端点之间，则剪去交点与端点之间的部分，如图 3.64 所示。

如果拾取点位于对象与两个切割边的交点之间，则剪去两个交点之间的部分，而两个交点之外的部分将被保留，如图 3.65 所示。

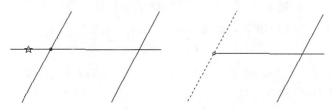

图 3.64 修剪拾取点侧交点与端点之间部分

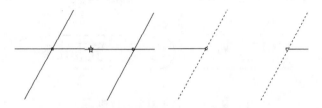

图 3.65 修剪两交点之间部分

在 AutoCAD 中，执行 Trim 命令可用以下 3 种方法：

（1）在命令行中输入 Trim（或 Tr），并按 Enter 键或空格键。

（2）执行"修改→修剪"菜单命令。

（3）单击"修改"功能面板中的"修剪"按钮 。

2. 延伸对象

延伸对象是将指定的图形对象延伸到指定的边界，如图 3.66 所示。

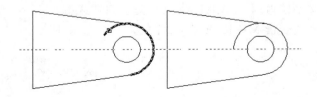

图 3.66　圆弧延伸到中心线

在 AutoCAD 中，执行 Extend 命令可用以下 3 种方法：

（1）在命令行中输入 Extend，并按 Enter 键或空格键。

（2）执行"修改→延伸"菜单命令。

（3）单击"修改"功能面板中的"延伸"按钮 。

3. 拉伸对象

拉伸（Stretch）命令用于拉伸所选定的图形对象，使图形的形状发生改变。拉伸使图形的选定部分移动，但同时仍保持与原图形中的不动部分相连。

在 AutoCAD 中，执行 Stretch 命令可用以下 3 种方法：

（1）在命令行中输入 Stretch，并按 Enter 键或空格键。

（2）执行"修改→拉伸"菜单命令。

（3）单击"修改"功能面板中的"拉伸"按钮 。

Stretch 命令的执行过程如下，如图 3.67 所示：

命令:Stretch
以交叉窗口或交叉多边形选择要拉伸的对象...　　//用交叉窗口选择要拉伸对象
选择对象:指定对角点:找到 5 个
选择对象:
指定基点或［位移(D)］＜位移＞:　　　　　　　　//拾取拉伸基点
指定第二个点或 ＜使用第一个点作为位移＞:　　　//指定第二个点

图 3.67　图形对象的拉伸

在选定对象后，系统要求用户指定拉伸移动的基点或位移。

注意：在选择对象时，只能使用交叉窗口或交叉多边形进行选择。如果在选择中有组成图形的直线、圆弧、椭圆弧、多段线、构造线及样条曲线与选择窗口相交，只有落在窗口的线的端点能被拉伸移动，而落在窗口外的端点则仍保持不动。

3.5.6 倒角、圆角、打断或合并对象

可以修改对象使其以圆角或平角相连，也可以在对象中创建或闭合间隔。

1. 倒角

"倒角"命令可将两个图形对象以平角或倒角的方式来连接。可以倒角直线、多段线、射线和构造线。

执行倒角（Chamfer）命令可用以下 3 种方法：

（1）在命令行中输入 Chamfer，并按 Enter 键或空格键。

（2）执行"修改→倒角"菜单命令。

（3）单击"修改"功能面板中的"倒角"按钮。

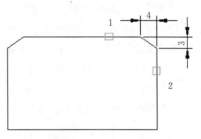

图 3.68　图形的倒角

Chamfer 命令的执行过程如下（图 3.68）：

命令:Chamfer

（"修剪"模式）当前倒角距离 1 = 1.0000,距离 2 = 2.0000

选择第一条直线或［放弃(U)/多段线(P)/距离(D)/角度(A)/修剪(T)/方式(E)/多个(M)］：　d

//选择距离选项

指定 第一个 倒角距离 ＜0.0000＞：3　　　//输入第一条倒角的距离值

指定 第二个 倒角距离 ＜3.0000＞：4　　　//输入第二条倒角的距离值

选择第一条直线或［放弃(U)/多段线(P)/距离(D)/角度(A)/修剪(T)/方式(E)/多个(M)］：

选择第二条直线,或按住 Shift 键选择直线,以应用角点或［距离(D)/角度(A)/方法(M)］：

//选择两条倒角的边

注意：默认情况下，对象在倒角时被修剪，但可以用"修剪"选项指定保持不修建的状态。

2. 圆角

圆角（Fillet）命令可按指定半径的圆弧并与对象相切连接两个对象。可以对圆弧、圆、椭圆、椭圆弧、直线、多段线、射线、样条曲线和构造线执行圆角操作。

执行圆角（Fillet）命令可用以下 3 种方法：

（1）在命令行中输入 Fillet，并按 Enter 键或空格键。

（2）执行"修改→圆角"菜单命令。

（3）单击"修改"功能面板中的"圆角"按钮。

Fillet 命令的执行过程如下：

命令:Fillet

当前设置：模式 = 修剪,半径 = 0.0000　　　//显示当前设置

选择第一个对象或［放弃(U)/多段线(P)/半径(R)/修剪(T)/多个(M)］：R

指定圆角半径 ＜0.0000＞：3　　　　　　　　//指定圆角半径

选择第一个对象或［放弃(U)/多段线(P)/半径(R)/修剪(T)/多个(M)］：//指定圆角的第一个对象

选择第二个对象,或按住 Shift 键选择对象以应用角点或［半径(R)］：//指定圆角的第二个对象

3. 打断对象

打断（Break）命令用于删除所选对象的一部分，或者分割对象为两部分。对象之间可以具有间隙，也可以没有间隙。

对直线、圆弧、多段线等类型的对象，都可以删除其中的一段，或者按指定点将原来的一个对象分割成两个对象。但对圆和椭圆等闭合类型的对象，Break 命令只能用两个不重合的断点按逆时针方向删除一段，从而使其变成圆弧，但不能将原来的一个对象分割为两个对象，如图 3.69 所示。

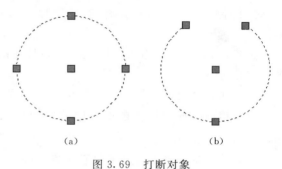

图 3.69　打断对象

(a) 原对象；(b) 打断后仍是一个对象

执行打断（Break）命令可用以下 3 种方法：

（1）在命令行中输入 Break，并按 Enter键或空格键。

（2）执行"修改→打断"菜单命令。

（3）单击"修改"功能面板中的"打断"按钮。

4. 合并对象

合并对象就是把单个图形对象合并，形成一个完整的图形对象。AutoCAD 中可以合并的图形对象包括直线、多段线、圆弧、椭圆弧和样条曲线等。

在 AutoCAD 中，执行合并（Join）命令可用以下 3 种方法：

（1）在命令行中输入 Join，并按 Enter 键或空格键。

（2）执行"修改→合并"菜单命令。

（3）单击"修改"功能面板中的"合并"按钮。

注意：合并图形不是任意条件下的图形都可以合并，图形的合并要满足一定的条件。

（1）如果要合并两条直线，那么待合并的直线必须共线，它们之间可以有间隙。如图 3.70 所示，图（a）的两条平行线不能合并；图（b）的两条直线可以合并，因为它们共线。

（2）如果要合并圆弧，那么待合并的圆弧必须位于同一假想的圆上，它们之间可以有间隙。如图 3.71 所示。

5. 分解对象

分解（Explode）命令可用于分解一个复杂的图形对象。例如，它可以使块、阵列对象、填充图案和关联的尺寸标注从原来的整体中分解为分离对象；也能使多段线、多线和草图线等分解为独立的、简单的直线段和圆弧对象。

执行分解命令可以在命令行中输入 Explode，并按 Enter 键或空格键，或在菜单中选择"修改→分解"菜单命令。

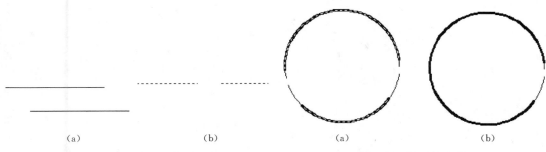

（a）　　　　　　　　（b）　　　　　　　（a）　　　　　　　　　（b）

图 3.70　直线的合并　　　　　　　　　图 3.71　圆弧的合并

3.5.7　综合实例

【例 3.10】　通过绘制构造线先定位圆心的位置，然后绘制出相应的图形，再进行修剪，案例效果如图 3.72 所示。

（1）新建一个文件，打开图层管理器，新建 3 个图层，分别命名为"标注""粗实线"和"中心线"，设置"中心线"图层为当前图层，设置线型为 Center（中心线），如图 3.73 所示。

（2）选择"中心线"图层为当前图层，单击"直线"按钮，在绘图区绘制两条垂直相交的辅助线，如图 3.74 所示。

（3）将水平辅助线分别向上平移复制 33 和 60，命令执行过程如下，复制结果如图 3.75 所示。

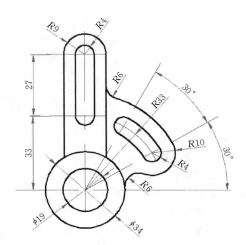

图 3.72　实例图

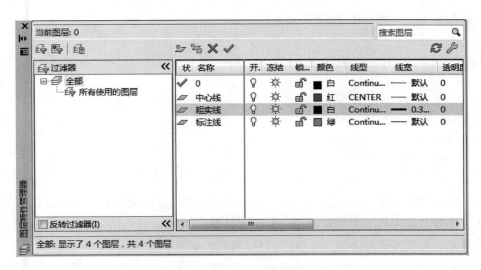

图 3.73　图层设置

77

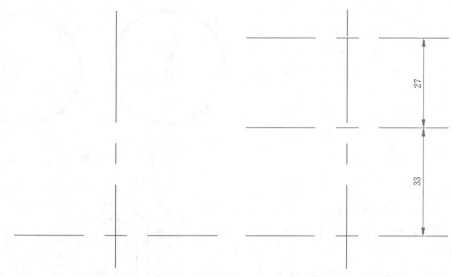

图 3.74 绘制垂直辅助线   图 3.75 复制水平辅助线

命令：copy

选择对象：找到 1 个

选择对象：

当前设置： 复制模式 ＝ 多个

指定基点或［位移（D）/模式（O）］＜位移＞：

指定第二个点或［阵列（A）］＜使用第一个点作为位移＞：@0,33

指定第二个点或［阵列（A）/退出（E）/放弃（U）］＜退出＞：@0,60

指定第二个点或［阵列（A）/退出（E）/放弃（U）］＜退出＞：

（4）选择辅助线最下面的交点为起点，绘制与水平线成 30°和 60°夹角的辅助线，命令执行过程如下，结果如图 3.76 所示。

命令：line

指定第一个点：   //捕捉辅助线最下面的交点

指定下一点或［放弃（U）］：   @90＜30

指定下一点或［放弃（U）］：

命令：line

指定第一个点：   //捕捉辅助线最下面的交点

指定下一点或［放弃（U）］：@90＜60

指定下一点或［放弃（U）］：

（5）选择辅助线最下面的交点为圆心，绘制半径为 33 的圆的辅助线，如图 3.76 所示。

（6）选择"粗实线"为当前图层，单击"绘图"功能面板中的"圆"按钮，以辅助线最下面的交点为圆心，以 19，34 为直径画圆，如图 3.77 所示。

（7）单击功能面板中的"圆"按钮，以辅助线最下面的交点为圆心，以 29，37，43 为半径画圆，如图 3.78 所示。

（8）对图 3.78 用 Trim 命令修剪，修剪结果如图 3.79 所示。

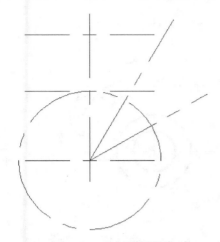

图 3.76　绘制圆辅助线

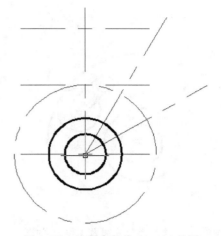

图 3.77　绘制直径为 19，34 的圆

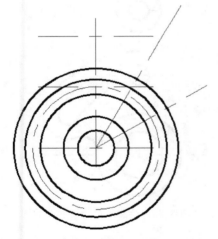

图 3.78　绘制半径为 29，37，43 的圆

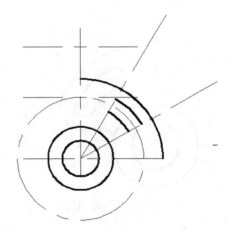

图 3.79　用 Trim 命令修剪

（9）选择"粗实线"为当前图层，执行"绘图→圆→圆心、半径"菜单命令，以与水平线成 30°和 60°辅助线与圆辅助线的交点为圆心，以 4、10 为半径分别画圆，如图 3.80 所示。

（10）执行"绘图→圆→相切、相切、半径"菜单命令，绘制半径为 6 的圆，如图 3.81 所示。

（11）用打断、修剪、删除等命令对图形进行修剪，结果如图 3.82 所示。

（12）单击功能面板中"圆"按钮 ⊘，以辅助线上面的两个交点为圆心，分别以 4 为半径画两个圆，再以最上面的交点为圆心，以 9 为半径画圆，如图 3.83 所示。

（13）打开正交捕捉，以圆的象限点为起点，绘制两条直线，并延伸到与直径为 34 的圆相交。绘制半径为 4 的两个小圆的两条切线，如图 3.84 所示。然后进行修剪，结果如图 3.85 所示。

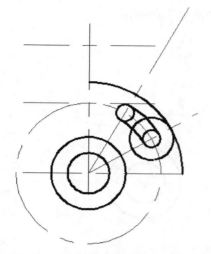

图 3.80 绘制半径分别为 4 和 10 的圆

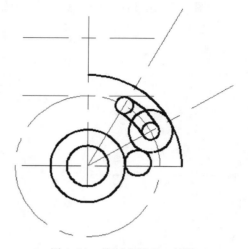

图 3.81 绘制半径为 6 的圆

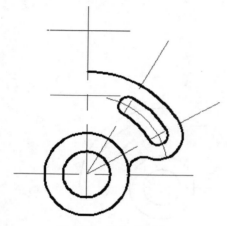

图 3.82 修剪后的图形

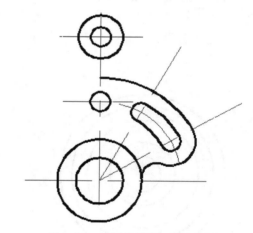

图 3.83 绘制半径为 4 和 9 的圆

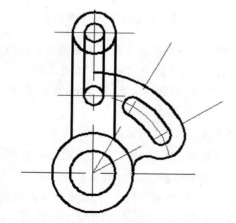

图 3.84 绘制直线

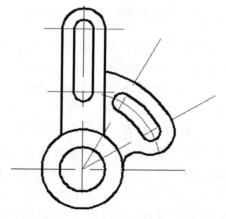

图 3.85 修剪后的结果

（14）执行"绘图→圆→相切、相切、半径"菜单命令，绘制半径为 6 的圆，如图 3.86 所示。用 Trim 命令进行修剪，结果如图 3.87 所示。

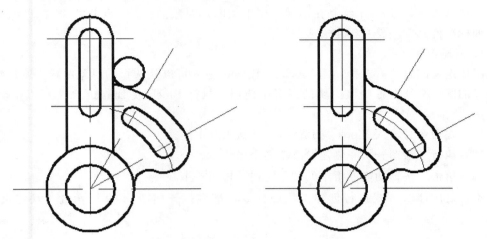

图 3.86　相切、相切、半径绘制半径为 6 的圆　　　　图 3.87　修剪后的结果

（15）选择"标注"图层为当前图层，对图形进行标注，标注效果如图 3.88 所示。

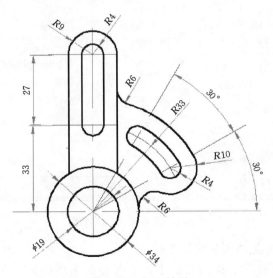

图 3.88　标注效果

3.6　图块和图案填充

在绘图时，可以把要重复绘制的图形创建成图块，指定块的名称、用途及设计者等信息，在需要时可以直接插入它们，这样既可提高绘图效率，又能节省存储空间，便于修改图形。

利用 AutoCAD 的图案填充功能，可以方便地为指定的区域填充剖面线，或为图形对象附上外观纹理等图案，广泛应用于机械图、建筑图及地质构造图等图形的绘制中。

3.6.1 图块的创建与应用

图块（Block）是多个绘制在不同图层上的图形对象的集合。可以把要经常绘制的图形，如标准件、常用符号等定义成图块。

1. 创建图块

图块定义的方法有多种，用 Block 或 Bmake 命令可以从选择的对象中建立图块定义，但定义的图块只能在存储该图块的图形中使用。执行 Block 或 Bmake 命令可以用如下 3 种方法：

（1）在命令行输入 Block 或 Bmake，并按 Enter 键。

（2）执行"绘图→块→创建"菜单命令。

（3）单击"块"功能面板中的"创建块"按钮 。

不管是用什么方式执行创建图块的命令，都将打开如图 3.89 所示的"块定义"对话框。

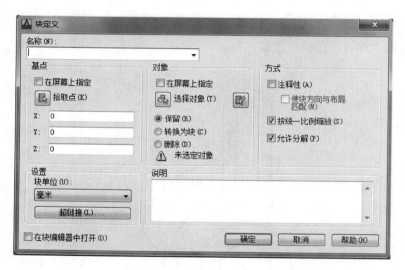

图 3.89 "块定义"对话框

"块定义"对话框中各选项说明如下：

（1）名称：在"名称"下拉列表框中，为新建的图块命名，图块名长度最多不超过 255 个字符。

（2）基点：用于指定块插入的基点。用户可以用两种方法指定块的基点，①单击"拾取点"按钮，用户可以直接用鼠标在图形中拾取某一点作为基点；②可以在"基点"的文本框中直接输入基点的坐标。

（3）对象：在对话框中的"对象"区域，用户可以指定"块定义"所包含的图形对象，创建块定义之后是否保留块定义所选的对象。

1)"选择对象"按钮：用于选择组成块定义的图形对象。

2)"快速选择"按钮：单击该按钮，弹出一个"快速选择"对话框，用户可以通过该对话框构造一个选择集。

3)"保留"单选按钮：选择该选项，创建块定义后，仍然在图形中保留组成图块的图形对象。

4)"转换为块"单选按钮：选择该选项，创建块定义后，同时把图形中选择的组块图形对象也转化为图块。

5)"删除"单选按钮：选择该选项，创建块定义后，在图形中删除组成图块的原始图形对象。

（4）方式

1) 注释性：指定图形插入其他图形是否表现为注释性图块。

2) 按统一比例缩放：使用统一比例缩放图块。

3) 允许分解：允许将块分解，如取消勾选，则不能分解图块。

2. 创建外部图块

如果想在其他文件中使用当前定义的图块，则需要将图块保存到一个独立的图形文件中，新的图形将图层、线型、样式及其他设置应用于当前图形中，该图形文件可以在其他图形文件中作为块定义使用。

在命令行输入 Wblock 并按 Enter 键，就会打开"写块"对话框，如图 3.90 所示。

"写块"对话框各选项说明如下：

（1）源。源区域用于指定要输出的对象或图块以及插入点，选项含义如下：

1)"块"单选项，指定要保存到图形文件中的图块。

2)"整个图形"单选项，选择当前图形作为图块。

3)"对象"单选项，指定要保存到图形文件的图形对象。

4) 基点与对象选项，与块定义中的含义相同。

图 3.90 "写块"对话框

（2）目标区域用于指定文件的名称、位置以及插入图块时所用的单位。

3. 插入图块

在 AutoCAD 中插入图块可以用如下 3 种方法：

（1）在命令行输入 Insret 命令，并按 Enter 键。

（2）执行"插入→块"菜单命令。

（3）单击"块"功能面板中的"插入块"按钮。

用上述任一种方式执行插入图块的命令，将打开如图 3.91 所示的"插入"对话框。

"插入"对话框各选项说明如下：

（1）名称：在该选项的下拉列表中选择或直接输入所插入图块的名称。也可直接输入文件名称，或单击"浏览"按钮，在弹出的"选择图形文件"对话框中选择要插入的图形。

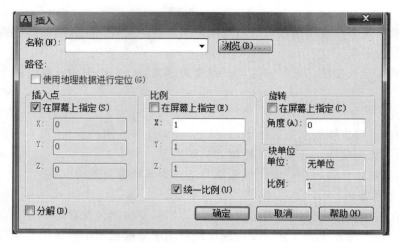

图 3.91　"插入"对话框

（2）插入点：如果用户勾选"在屏幕上指定"复选框，用户用鼠标在屏幕上直接拾取图块的插入点，如不勾选，用户可直接输入插入点的坐标。

（3）比例：该选项用于指定插入图块的缩放比例。

（4）旋转：指定图块插入时的旋转角度。

（5）分解：该选项用于指定插入图块时，是否将其分解。

3.6.2　图块属性的定义与使用

图块的属性是附加在图块对象上的文字信息，在定义图块之前，要先定义该图块的每个属性，然后将属性和图形一起定义成图块。属性可以包含多种数据，如零件编号、制造商、型号和价格等。属性必须指定属于哪一个图块，当图块中包括标记属性和符号后，这个图块就是属性块对象。

1. 图块属性定义

使用 Attdef 命令可以定义图块的属性，执行 Attdef 命令的方法有如下两种：

（1）在命令行输入 Attdef 命令，并按 Enter 键。

（2）执行"绘图→块→定义属性"菜单命令。

执行 Attdef 命令，系统会弹出"属性定义"对话框，如图 3.92 所示。

"属性定义"对话框中主要包含"模式"和"属性"的参数设置，其含义如下：

（1）模式。

1）不可见：指定插入图块时不显示或打印属性值。

2）固定：在插入图块时赋予属性固定值。

3）验证：插入图块时提示验证属性值是否正确。

4）预设：插入包含预设属性的图块时，将属性设置为默认值。

5）锁定位置：将属性相对于图块的位置锁定。插入有属性的图块时，锁定的属性没有自己的夹点，不能单独移动属性。

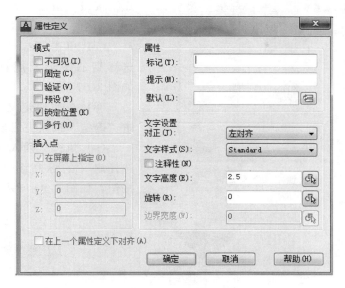

图 3.92 "属性定义"对话框

6）多行：允许属性包含多行文字。选定此选项后，"默认"文本框右侧会出现一个 按钮，单击按钮可打开一个简化的多行文本编辑器。

（2）属性。

1）标记：标识图形中每次出现的属性。

2）提示：指定在插入包含该属性定义的图块时显示的提示。如果不输入提示，属性标记将用作提示。

3）默认：用于设置属性的默认值。

（3）插入点。用于确定属性值的插入点。

（4）文字设置。用于确定属性文字的格式和大小。

2. 带属性定义的图块

下面以创建带标高尺寸的图块为例，介绍带属性定义的图块的使用。

【例 3.11】 带标高尺寸的图块。

（1）执行"直线"和"图案填充"命令，绘制出标高符号，如图 3.93 所示。

（2）执行"绘图→块→定义属性"命令，弹出"属性定义"对话框，如图 3.94 所示。

（3）在"属性"选项组中的"标记"文本框中输入"标高"，在"提示"文本框中输入"标高数值"，并在"默认"文本框中输入"%%p0.00"。

图 3.93 绘制标高图形

（4）在"文字设置"选项组中的"对正"下拉列表中，选择"正中"选项，然后在"文字高度"文本框中输入"3"。

（5）设置完成后，单击"确定"按钮，在绘图区中指定插入点，如图 3.95 所示。

（6）执行"绘图→块→创建"菜单命令，在打开的"块定义"对话框中，单击"拾取

图 3.94 "属性定义"对话框

点"按钮,指定"标高"图块插入基
点,如图 3.96 所示。

(7)单击"选择对象"按钮,框
选标高的图形及属性,按 Enter 键,
如图 3.97 所示。

(8)在"块定义"对话框中,单
击"确定"按钮完成创建。

(9)执行"插入→块"菜单命令,
选择定义的标高图块,单击"确定"
按钮,如图 3.98 所示。

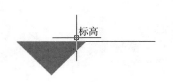

图 3.95 指定插入点

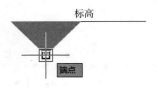

图 3.96 指定图块基点

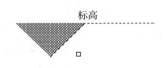

图 3.97 框选图形

图 3.98 插入标高图块

(10)在绘图区指定标高点,并根据命令行提示,输入所需的标高值。

3.6.3 图案填充

图案填充是一种使用图案对指定的图形区域进行填充的操作。用户可以使用图案进行
填充,也可以使用渐变色进行填充。

1. 定义图案填充

要为一个对象或区域填充图案,首先要使用 Bhatch 或 Hatch(图案填充)命令,打
开"图案填充和渐变色"对话框,如图 3.99 所示。

执行 Bhatch 命令可以用如下 3 种方法:

(1)在命令行输入 Bhatch 或 Hatch,并按 Enter 键。

(2)执行"绘图→图案填充"菜单命令。

(3)单击"绘图"功能面板中的"图案填充"按钮 ⧉ 。

图 3.99　"图案填充和渐变色"对话框

在"图案填充和渐变色"对话框中可定义填充对象的边界、图案类型、图案特性等。

填充图案的类型。选择要填充图案的类型，在"类型"下拉列表中有以下 3 种类型。

1）预定义：可以在此选择标准的填充图案。

2）用户定义：允许用户通过指定角度和间距，使用当前的线型填充图案。

3）自定义：允许用户选择已定义在自己的 .pat 文件中创建好的图案。

一般情况下，使用系统预定义的填充图案基本上能满足用户需求。单击 按钮，系统会弹出"填充图案选项板"对话框，如图 3.100 所示，在对话框中包含"ANSI""ISO""其他预定义"和"自定义"4 个选项卡，用户可以从中选择填充的图案。

另外，还有实体填充和渐变填充两种图案。

1）实体填充：通过选择 SOLID 预定义填充，以一种纯色填充区域。

2）渐变填充：以一种渐变色填充区域。渐变填充可显示明、暗或两种颜色之间的平滑过渡。如图 3.101 所示。

2. 填充图案的角度和比例

在"角度"下拉列表框中，用户可以指定所选图案相对当前用户坐标系 X 轴的旋转角度，如图 3.102 所示为两种不同角度的填充效果。

在"比例"下拉列表框中，用户可以通过设置剖面线的缩放比例系数，调整剖面线的稀疏，在整个图形中显得比较协调，如图 3.103 所示是不同比例的填充效果。

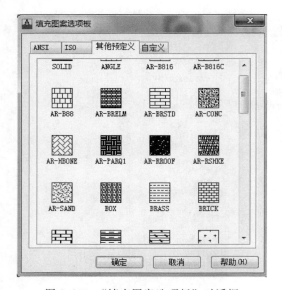

图 3.100 "填充图案选项板"对话框

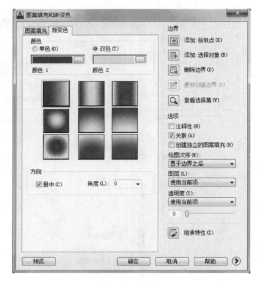

图 3.101 "渐变色"对话框

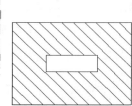

图 3.102 两种不同角度的填充效果

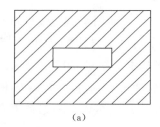

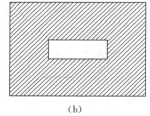

（a）　　　　　　　　（b）

图 3.103 两种不同比例的填充效果

（a）比例为 1.5；（b）比例为 0.5

"间距"编辑框，用于在选择"用户定义"图案时，指定图案剖面中线的间距。

"ISO 笔宽"下拉列表框用于设置 ISO 预定义图案的笔宽。只有在"类型"下拉列表框中选择"预定义"，并且选择 ISO 图案时，才能使用该选项。

3．指定图案填充对象或填充区域

用户可以使用以下几种方法指定图案填充的区域。

（1）单击边界区域内的"添加：拾取点"按钮 ，然后指定对象封闭区域内的点。

（2）单击边界区域内的"添加：选择对象"按钮 ，然后选择封闭区域的对象。

（3）用 Toolpalettes 命令，打开工具选项模板，将要填充的图案拖到封闭的区域。

4. 选项

在选项区域有"关联""创建独立的图案填充"等复选框。其中，关联为指定图案填充为关联图案填充。关联的图案填充，在用户修改其边界对象时将会更新。

创建独立的图案填充为控制当指定了几个单独的闭合边界时，是创建单个图案填充对象，还是创建多个图案填充对象。

5. 孤岛填充

图案填充区域内的封闭区域被称为孤岛，用户可以使用以下 3 种填充样式填充孤岛，即普通、外部和忽略，单击"图案填充和渐变色"对话框用下角的 ⊙ 按钮，便可看到"孤岛"选项，如图 3.104 所示。

如果选择孤岛监测，则有以下 3 种选择样式：

（1）普通填充样式是默认的填充样式，这种样式将从外部边界向内填充，如果填充过程中遇到内部边界，填充将关闭，直到遇到孤岛中的另一孤岛。

（2）外部填充样式，从外部边界向内填充，并在遇到下一边界处停止。

（3）忽略填充样式，忽略内部边界，填充整个封闭区域。

图 3.104　展开"孤岛"选项对话框

如果不选择孤岛检测，则关闭孤岛检测。使用同一拾取点，各选项的结果对比如图3.105 所示。

3.6.4　编辑图案填充

在完成图案填充之后，用户还可应用"图案填充编辑"对话框，对填充图案进行修改。可以执行"修改→对象→图案填充"命令；或在命令行输入"Hatchedit"命令，并按 Enter 键，再选择编辑的填充图案，都可以打开"图案填充编辑"对话框，如图 3.106 所示。

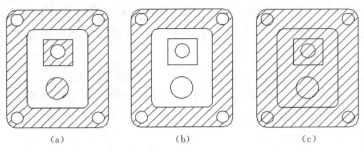

图 3.105 三种选择样式填充结果对比

(a) 普通；(b) 外部；(c) 忽略

图 3.106 "图案填充编辑"对话框

"图案填充编辑"对话框中各选项的含义与"图案填充和渐变色"对话框中各对应选项的含义相同。利用此对话框，用户就可以对已填充的图案进行修改，例如修改填充图案、填充比例、旋转角度、填充边界等。

3.7 文字和表格

在工程制图中经常需要进行文字标注，如机械制图中的技术要求、装配说明，以及在工程制图中的材料说明、施工要求等，另外还要填写标题栏和明细表等。AutoCAD 提供了完善的文字标注功能，不仅能够方便地标注文字，还能够设置文字的标注样式，如字体、文字高度等。

3.7.1 设置文字样式

AutoCAD 为用户提供了一个标准（Standard）的文字样式，用户一般采用这个标准样式来输入文字。如果用户希望创建一个新的样式，或修改已有的样式，则可以使用"文字样式"对话框来完成。通过"文字样式"对话框可以设置文字的字体、字高、倾斜角度、方向等属性。

1. 设置文字样式

在 AutoCAD 中，如要对当前文字样式进行设置，可以通过以下 3 种方法进行操作：

（1）执行"格式→文字样式"菜单命令。

（2）在命令行输入"Style"命令，并按 Enter 键。

（3）单击"注释"功能面板中的"文字样式"按钮 。

执行"文字样式"设置命令，系统弹出"文字样式"对话框，如图 3.107 所示。

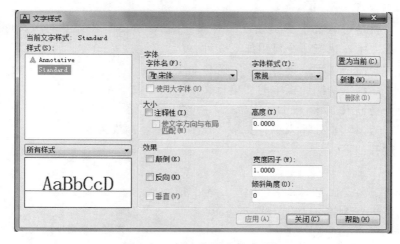

图 3.107 "文字样式"对话框

"文字样式"对话框中各选项说明如下：

1）样式：在列表框中显示当前图形文件中的所有文字样式，并默认选择当前文字样式。

2）字体：在字体选项组中，可以设置字体名和字体样式，单击"字体名"下拉列表框，可选择文本的字体，该列表中列出了 AutoCAD 中的所有字体；单击"字体样式"下拉列表框，则可以选择字体样式，默认为"常规"选项，选定"使用大字体"后，该选项变为"大字体"，用于选择大字体文件。

3）大小：在该选项组中，用户可以设置字体的高度，在"高度"文本框中，输入文字高度值即可。

4）效果：在该选项组中可以设置字体的效果，包括：宽度因子、倾斜角度、颠倒、反向等。

5）置为当前：该选项是将选择的文字样式设置为当前文字样式。

6）新建：该选项是新建文字样式。

7）删除：该选项是将选择的文字样式删除。

2. 新建文字样式

如果需要在当前图形中新建文字样式，只要在"文字样式"对话框中，单击"新建"按钮，弹出"新建文字样式"对话框，如图 3.108 所示，然后输入样式名，单击确定，返

图 3.108　"新建文字样式"
对话框

回"文字样式"对话框，用户可以对新建样式的字体、大小和效果等进行设置。

3. 修改样式

创建好文字样式后，如果用户对当前样式设置不满意，可对其进行编辑或修改。只需在"文字样式"对话框中，选中要修改的文字样式，按照需求对字体、大小和效果进行修改即可。

3.7.2　文字的输入与编辑

1. 创建单行文字

单行文字，就是每行文字都是独立的对象。在 AutoCAD 中，执行 Text 或 Dtext 命令可以输入单行文字，执行命令可用如下 3 种方法：

（1）执行"绘图→文字→单行文字"菜单命令。

（2）单击"注释"功能面板中的"单行文字"按钮。

（3）在命令行输入 Text 或 Dtext 命令，并按 Enter 键。

例如在（100，100）处输入单行文字"技术条件"，高度为 5。

命令执行过程如下：

命令：Text
当前文字样式："Standard"　文字高度：2.5000　注释性：否//当前文字样式
指定文字的起点或［对正(J)/样式(S)］：100,100　　　　　　　//输入文字起点
指定高度＜2.5000＞：5　　　　　　　　　　　　　　//指定文字高度
指定文字的旋转角度＜0＞：　　　　　　　　　　　　//设置文字的旋转角度

然后，在绘图区的输入提示的光标处输入相应的文字即可。

2. 创建多行文字

采用单行文字输入方法虽然也可以输入多行文字，但每行文字都是独立对象，无法进行整体编辑和修改。因此，AutoCAD 为用户提供了多行文字输入功能，使用 Mtext（多行文字）命令可以输入多行文字。

执行 Mtext（多行文字）命令可用如下 3 种方法：

（1）执行"绘图→文字→多行文字"菜单命令。

（2）单击"注释"功能面板中的"多行文字"按钮。

（3）在命令行输入 Mtext 命令，并按 Enter 键。

在创建多行文字时，AutoCAD 将提供一个"文字格式"编辑器供用户使用，下面以实例说明。

【例 3.12】　创建多行文字。

（1）执行"绘图→文字→多行文字"菜单命令，然后在绘图窗口选择一个矩形区域作为多行文字输入区，如图 3.109 所示。

（2）确定文字输入区之后，系统自动弹出"文字格式"编辑器，如图 3.110 所示。

图 3.109　多行文字输入区

（3）在"文字格式"编辑中，选择"仿宋"字体，设置文字高度为5，文字颜色为蓝色，然后输入相应的文字，如图3.111所示。

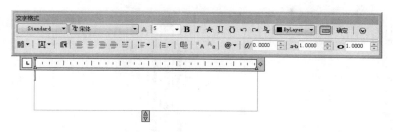

图3.110　"文字格式"编辑器

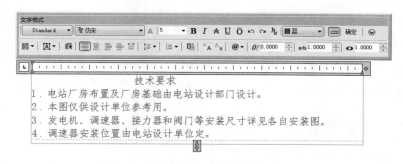

图3.111　多行文字格式设置与输入

（4）多行文字输入完成后，单击"确定"按钮。

3. 编辑文字

对图形中已有的文字对象，用户可以使用编辑文字命令对其进行修改。编辑文字命令可以对多行文字、单行文字进行修改。

编辑文字命令的执行方式有如下两种：

（1）执行"修改→文字→编辑"菜单命令。

（2）在命令行输入ddedit命令并按Enter键。

执行编辑文字命令后，如果选择多行文字对象，则出现"多行文字编辑器"，既可以对多行文字的字体、高度、颜色等进行修改，也可以对文字插入和删除；如果选择单行文字对象，则在该单行文字四周显示出一个方框，用户可以修改对应的文字，但不支持字体、文字高度等的修改。

3.7.3　表格的创建与编辑

在AutoCAD中，可以用创建表格的命令创建表格，还可以从Excel中复制表格，并将其作为AutoCAD表格对象粘贴到图形中，也可以从外部直接导入表格对象。

1. 新建与修改表格样式

表格的外观有表格样式控制，通常应先创建或选择表格样式，再创建表格。

创建表格样式可以执行"格式→表格样式"菜单命令，或在命令行输入TABLES-TYLE，并按Enter键，打开"表格样式"对话框，如图3.112所示。

下面以实例说明创建新的表格样式。

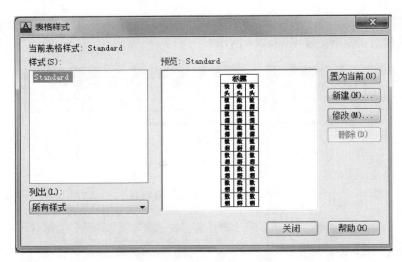

图 3.112 "表格样式"对话框

图 3.113 "创建新的表格样式"
对话框

【例 3.13】 新建表格样式"表格样式 1"。

（1）执行"格式→表格样式"菜单命令，打开"表格样式"对话框，如图 3.112 所示。

（2）在"表格样式"对话框中单击"新建"按钮，弹出"创建新的表格样式"对话框，如图 3.113 所示。

（3）输入新样式名"表格样式 1"，单击"继续"按钮，弹出"新建表格样式"对话框，如图 3.114 所示。

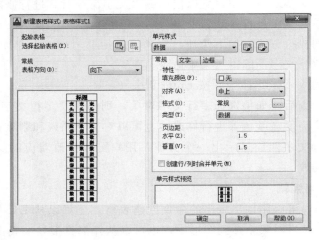

图 3.114 "新建表格样式"对话框

（4）在"新建表格样式"对话框中，用户可以设置表格的方向、填充色、对齐方式、文字样式、边框等，设置完毕后单击"确认"按钮。

（5）系统回到"表格样式"对话框，系统自动将其设置为当前样式，单击"关闭"按钮完成新建表格样式。

在"表格样式"对话框中，单击"修改"按钮可以修改已有的表格样式。

2. 创建表格

在 AutoCAD 中有 3 种方法执行创建表格命令：

（1）执行"绘图→表格"菜单命令。

（2）单击"注释"功能面板中的"表格"按钮⊞。

（3）在命令行输入 table 命令，并按 Enter 键。

执行创建表格命令打开"插入表格"对话框，如图 3.115 所示。

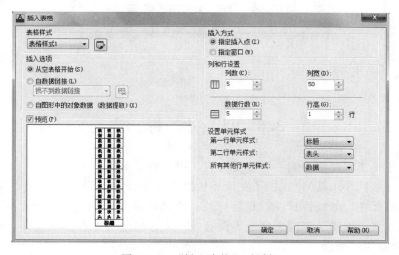

图 3.115 "插入表格"对话框

【例 3.14】 建立图形明细表。

（1）用新建表格样式，建立"向上"的表格样式"图形表格样式"。

（2）单击"注释"功能面板的"表格"按钮⊞，弹出"插入表格"对话框，在"表格样式"下拉框，选择"图形表格样式"，并对表格进行行列设置，如图 3.116 所示。

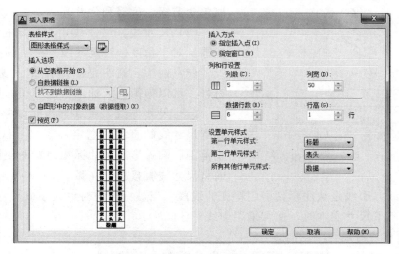

图 3.116 "插入表格"对话框

（3）单击"确定"按钮，选择插入位置，然后输入明细表中的内容，如图 3.117 所示。

图 3.117　插入表格

3.8　尺　寸　标　注

尺寸标注是工程制图中的一项重要内容。图形除了形状，还有大小和位置，这些都需要用尺寸来表示。AutoCAD 提供了灵活、快捷的尺寸标注工具，用户可以为各种对象创建不同类型的标注，如线性标注、角度标注、直径标注等。同时，AutoCAD 允许用户定义尺寸标注样式，以满足不同国家、不同行业对尺寸标注的要求。

3.8.1　尺寸标注的概念

1. 尺寸标注的组成

在 AutoCAD 中，一个完整的尺寸标注由尺寸文本、尺寸线、箭头、尺寸界线、引线等组成，如图 3.118 所示。

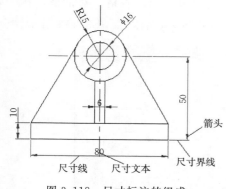

图 3.118　尺寸标注的组成

（1）尺寸文本。尺寸文本是一个字符串，用于表示被标注对象的长度或角度，尺寸文本还可以包含前缀、后缀和公差等。

（2）尺寸线。尺寸线用于指定标注的方向和范围。对于角度标注尺寸线是一段圆弧。

（3）箭头。箭头是添加在尺寸线两端的终结符号。可以为箭头或标记指定不同的尺寸和形状。

（4）尺寸界线。尺寸界线是从被标注对象边界到尺寸线的直线，它定界了尺寸线的起始与终止范围。圆弧形的尺寸标注通常不使用尺寸界线，而将尺寸线直接标注在弧上。

（5）引线。引线是从注释到引用特征的线段。当被标注的对象太小或尺寸界线间的间隙太窄而放不下尺寸文本时，通常采用引线标注。

2. 尺寸标注的规则

在 AutoCAD 中，对图形进行尺寸标注时应遵循以下规则。

（1）物体的真实大小应以图形上所标注的尺寸数值为依据，与图形的大小及绘图的准确度无关。

（2）图形中的尺寸以毫米为单位时，不需要标注计量单位的代号和名称。如果采用其他单位，则必须注明相应计量单位的代号或名称，如度、厘米、米等。

（3）图形中所标注的尺寸为该图形所表示的物体最后完工尺寸，否则应另加说明。

（4）图形的每一尺寸只标注一次，不能重复标注，并且应标注在最能清晰反映该结构的地方。

3.8.2　尺寸标注样式设置

通常在进行尺寸标注之前，应先设置好标注的样式，如标注文字的大小、箭头的大小及尺寸线样式等，这样在标注时才能统一。

1.标注样式管理器

AutoCAD 提供了一个称为尺寸样式管理器的工具，利用此工具可创建新的尺寸标注样式，还可以管理、修改已有的尺寸标注样式。通过尺寸样式管理器，可以实现对尺寸标注样式的设置与修改。

执行"格式→标注样式"菜单命令或在命令行输入 Dimstyle 命令，会在屏幕上弹出"标注样式管理器"对话框，如图 3.119 所示。

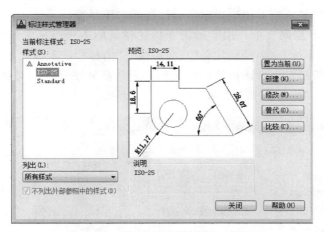

图 3.119　"标注样式管理器"对话框

"标注样式管理器"对话框中各选项和按钮的说明如下：

（1）当前标注样式，在此项标题后列出的是当前尺寸标注样式名，AutoCAD 将该标注样式用于当前的尺寸标注中，直到用户改变当前标注样式。

（2）"样式"列表框，用于列出已有标注样式的名称。

（3）"列出"下拉列表框，用于控制在"样式"列表框中列出的标注样式。

1）所有样式：显示所有的尺寸标注样式名。

2）正在使用的样式：只显示图形中的尺寸标注所用到的尺寸标注样式名。

（4）"预览"图片框，用于显示"样式"列表框中所选中标注样式的图示。

（5）"说明"标签，用于显示"样式"列表框中所选中标注样式的说明。

（6）"置为当前"按钮，用于把指定的标注样式置为当前标注样式。

（7）"新建"按钮，用于定义新的标注样式，单击该按钮，将弹出"创建新标注样式"对话框，在该对话框中指定新样式的名称和基础样式。

（8）"修改"按钮，用于修改已有标注样式，单击该按钮，将弹出"修改标注样式"对话框，用户可以对当前标注样式进行修改。

（9）"替代"按钮，用于设置标注样式的临时替代值。

（10）"比较"按钮，用于对两个标注样式进行比较，或列出某一样式的所有特征。

图 3.120　"创建新标注样式"对话框

2. 新建标注样式

在"标注样式管理器"对话框中，单击"新建"按钮，将弹出"创建新标注样式"对话框，如图 3.120 所示。

"创建新标注样式"对话框各选项说明如下：

（1）"新样式名"文本框：用于指定新建样式的名称。

（2）"基础样式"下拉列表框：用于设置新标注样式的基础样式。

（3）"注释性"复选框：用于指定新标注样式为注释性。

（4）"用于"下拉列表框：用于确定新标注样式的适用范围。列表中有"所有标注""线性标注""角度标注""半径标注""直径标注""坐标标注"等选项。

（5）"继续"按钮：单击该按钮，将关闭"创建新标注样式"对话框，另弹出"新建标注样式"对话框，如图 3.121 所示。

图 3.121　"新建标注样式"对话框

在"新建标注样式"对话框中有"线""符号和箭头""文字""调整""主单位""换算单位"和"公差"7 个选项卡。

1）线：设置尺寸线、尺寸界线的格式和特性。

2）符号和箭头：设置箭头、圆心标记、弧长符号、半径折弯标注等的格式和位置。

3）文字：设置标注文字的外观、位置和对齐。

4）调整：调整标注文字、箭头、引线和尺寸线的位置。

5）主单位：设置主标注单位的格式与精度，并设置标注文字的前缀和后缀。

6）换算单位：在 AutoCAD 中可以同时创建两种测量系统的标注，换算单位是用于指定标注测量值中换算单位的显示，并设置其格式与精度。

7）公差：设置标注文字中的公差格式及显示。

在完成新建标注样式设置后，单击"确定"按钮，AutoCAD 返回"标注样式管理器"对话框，单击对话框中的"关闭"按钮，完成标注样式的设置。

3.8.3　尺寸标注命令

AutoCAD 中提供了 3 种基本的尺寸标注类型，它们是长度型、圆弧型和角度型。用户可以通过选择要标注尺寸的对象，并指定尺寸线位置的方法进行标注；还可以通过指定尺寸界线原点及尺寸线位置的方法来进行尺寸标注。

1. 线性标注

线性标注用于标注图形的线性距离或长度，可以创建图形中的水平、垂直或倾斜的尺寸标注。执行"标注→线性"菜单命令或单击"注释"功能面板中的"线性"按钮┤┤或在命令行输入 dimlinear 命令都可以进行线性标注，如图 3.122 所示。

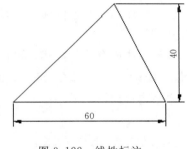

图 3.122　线性标注

命令执行提示如下：

命令：dimlinear
指定第一个尺寸界线原点或 <选择对象>：//捕捉第一测量点
指定第二条尺寸界线原点：　　　　　　//捕捉第二测量点
指定尺寸线位置或[多行文字(M)/文字(T)/角度(A)/水平(H)/垂直(V)/旋转(R)]：//指定尺寸线位置
标注文字 = 40

命令行各选项的说明如下：

（1）多行文字（M）：如果用户要加注新的尺寸文本，可使用该选项来编辑标注文字的内容。

（2）文字（T）：在命令行输入单行的文本，并替代原来的标注文本。

（3）角度（A）：指定标注文本与标注端点连线的角度，默认值为 0 。

（4）水平（H）：强制进行水平尺寸标注。

（5）垂直（V）：强制进行垂直尺寸标注。

（6）旋转（R）：进行旋转尺寸标注，是尺寸标注旋转指定角度。

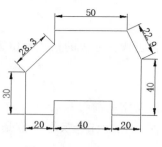

图 3.123　对齐标注

2. 对齐标注

"对齐"尺寸标注是创建与指定位置或标注对象平行的标注，在测量斜线长度或非水平、垂直距离时可以使用对齐标注，如图 3.123 所示。

对齐标注命令执行方式：执行"标注→对齐"菜单命令或单击"注释"功能面板中的"对齐"按钮 或在命令行输入 dimaligned 命令都可以进行对齐标注。

命令执行提示如下：

命令：dimaligned
指定第一个尺寸界线原点或＜选择对象＞：　　　　　　//捕捉第一测量点
指定第二条尺寸界线原点：　　　　　　　　　　　//捕捉第二测量点
指定尺寸线位置或［多行文字(M)/文字(T)/角度(A)］：　//指定尺寸线位置
标注文字 ＝ 22.9

对齐标注命令行中各选项的含义与线性标注相同，这里不再赘述。

3. 弧长标注

弧长标注用于测量圆弧或多段线弧线段上的距离，在标注文字的上方或前面将显示圆弧符号。

弧长标注命令执行方式：执行"标注→弧长"菜单命令或单击"注释"功能面板中的"弧长"按钮 或在命令行输入 dimarc 命令都可以进行弧长标注。

命令执行提示如下：

命令：dimarc
选择弧线段或多段线圆弧段：　　　　　　　//选择圆弧
指定弧长标注位置或［多行文字(M)/文字(T)/角度(A)/部分(P)/引线(L)］：
　　　　　　　　　　　　　　　　//单击圆弧并确定标注位置
标注文字 ＝ 66.67

命令行各选项的说明如下：

（1）部分（P）：缩短弧长标注的长度。

（2）引线（L）：在标注中添加引线对象，仅当圆弧大于 90°时才会显示该选项。

4. 半径与直径标注

半径/直径标注主要用于标注圆或圆弧的半径或直径尺寸。半径标注与直径标注的方法类似，下面以直径为例说明标注命令的执行方式。

执行"标注→直径"菜单命令或单击"注释"功能面板中的"直径"按钮 或在命令行输入 dimdiameter 命令都可以进行直径标注。

命令执行提示如下：

命令：dimdiameter
选择圆弧或圆：　　　//选择要标注的圆或圆弧

标注文字 = 41

指定尺寸线位置或［多行文字（M）/文字（T）/角度（A）］：　//指定尺寸线的位置

5. 折弯半径标注

当圆弧或圆的中心位于布局之外并且无法在其实际位置显示时，将创建折弯半径标注。可以在更方便的位置指定标注的原点（这称为中心位置替代）。

执行折弯半径标注命令有如下方式：

执行"标注→折弯"菜单命令或单击"注释"功能面板中的"折弯"按钮 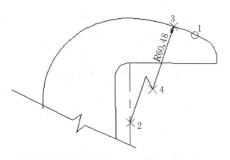 或在命令行输入 dimjogged 命令都可以进行折弯半径标注。命令执行提示如下，标注结果如图 3.124 所示。

图 3.124　"折弯"标注

命令：dimjogged

选择圆弧或圆：　　　　　　　　　//选择一个圆、圆弧或多段线圆弧

指定图示中心位置：　　　　　　　//指定一个点，系统以改点作为折弯半径标注的新圆心

标注文字 = 60.48

指定尺寸线位置或［多行文字（M）/文字（T）/角度（A）］：//指定尺寸线的位置或输入选项

指定折弯位置：　　　　　　　　　//指定折弯的位置

6. 角度标注

角度标注用于标注两条直线之间的夹角，或者三点构成的角度。

执行角度标注命令有如下几种方法。

执行"标注→角度"菜单命令或单击"注释"功能面板中的"角度"按钮 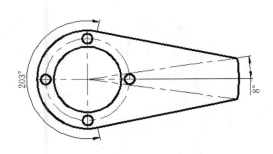 或在命令行输入 dimangular 命令都可以进行角度标注。命令执行提示如下，标注结果如图 3.125 所示。

图 3.125　角度标注

命令：dimangular

选择圆弧、圆、直线或 ＜指定顶点＞：//选择第一条直线

选择第二条直线：　　　　　　　//指定第二条线

指定标注弧线位置或［多行文字（M）/文字（T）/角度（A）/象限

标注文字 = 8

7. 基线标注

基线标注是从上一个标注或选定标注的基线处创建线性、角度或坐标标注。创建基线标注之前必须先创建一个线性、对齐或角度标注，如图 3.126 所示。

执行基线标注命令有如下几种方法。

执行"标注→基线"菜单命令或单击"标注"工

图 3.126　基线标注

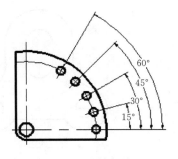

具栏中的"基线"按钮 ⊟ 或在命令行输入 dimbaseline 命令都可以进行基线标注。

基线标注命令的执行过程如下：

命令：dimbaseline
选择基准标注：   //选择作为基准的尺寸标注
指定第二条尺寸界线原点或［放弃(U)/选择(S)］＜选择＞: //指定第二条尺寸界线的点
标注文字 ＝ 50
指定第二条尺寸界线原点或［放弃(U)/选择(S)］＜选择＞:
标注文字 ＝ 75

……

8. 连续标注

连续标注是尺寸线端与端相连的多个尺寸的标注，其中前一个尺寸标注的第二条尺寸界线与后一个尺寸标注的第一条尺寸界线重合。

连续标注命令执行的提示信息与基线标注命令执行的提示基本类似，只不过连续标注命令是将前一个尺寸的第二条尺寸界线作为下一尺寸标注的第一条尺寸界线。

【例 3.15】 对图 3.127 进行尺寸标注。

（1）单击"注释"功能面板中的"线性"按钮 ⊢，标注如图 3.128 所示的尺寸。

（2）单击"注释"功能面板中的"半径"按钮 ⊙，标注如图 3.129 所示的尺寸。

（3）单击"注释"功能面板中的"直径"按钮 ⊙，标注如图 3.130 所示的尺寸。

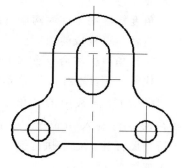

图 3.127 标注图例

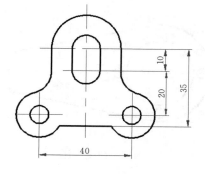

图 3.128 线性标注

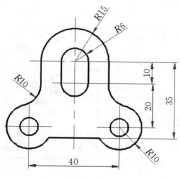

图 3.129 半径标注

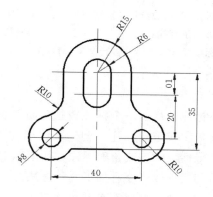

图 3.130 直径标注

3.8.4　尺寸标注的编辑

对于图形中已标注好的尺寸，用户仍可以进行修改编辑。例如，可以使用基本编辑命令对尺寸标注进行移动、复制、删除、旋转和拉伸等通用的编辑操作。此外，还可以使用专门的尺寸标注编辑命令，对尺寸进行修改、改变特性等编辑工作。

1. 使用 Dimedit 命令改变标注位置

在命令行输入 Dimedit 命令对尺寸标注进行修改，命令提示如下：

命令：Dimedit
输入标注编辑类型 ［默认（H）/新建（N）/旋转（R）/倾斜（O）］＜默认＞：

各选项的说明如下：

（1）默认（H）：移动尺寸文本到默认位置。

（2）新建（N）：选择该选择项将弹出"文字格式"工具栏，用户可以使用工具栏输入新的尺寸文本，然后单击"确定"按钮关闭工具栏。

（3）旋转（R）：旋转尺寸文本。

（4）倾斜（O）：调整长度型尺寸标注的尺寸线的倾斜度，在绘制轴测图时常用该命令。

2. 使用 Ddedit 命令编辑标注文本

使用 Ddedit 命令命令对尺寸文本进行修改，命令执行过程如下：

命令：Ddedit
选择注释对象或［放弃（U）］：

当选择标注对象后弹出"文字样式"工具栏，用户可以在工具栏中输入新的文本，然后单击"确定"按钮，完成修改。

3. 使用 Dimtedit 命令修改尺寸文本位置

使用 Dimtedit 命令可以对尺寸文本进行移动和旋转，命令执行如下：

命令：Dimtedit
选择标注：　　　　　　　　　　　//选择一个尺寸标注对象
为标注文字指定新位置或［左对齐（L）/右对齐（R）/居中（C）/默认（H）/角度（A）］：

各选项的说明如下：

（1）左对齐（L）：沿尺寸线左对齐尺寸文本。

（2）右对齐（R）：沿尺寸线右对齐尺寸文本。

（3）居中（C）：尺寸文本放置在尺寸线中间位置。

（4）默认（H）：移动尺寸文本到默认位置。

（5）角度（A）：改变尺寸文本的角度。

习　　题

1. AutoCAD 的工作界面有哪几部分组成？

2. AutoCAD 的命令输入的方式有几种？

3. AutoCAD 的坐标输入的方式有几种？每一种又可细分为什么？

4. 什么是图层？为什么要设置图层？

5. 在绘制复杂的图形时，为了加速系统重新生成图形的速度，对不需要的图层我们可以通过冻结图层还是关闭图层来实现？为什么？

6. 简述：将几条首尾相连的单个直线合并成一条直线的步骤。

7. 绘制图 3.131 所示的图形（要求设置图层）。

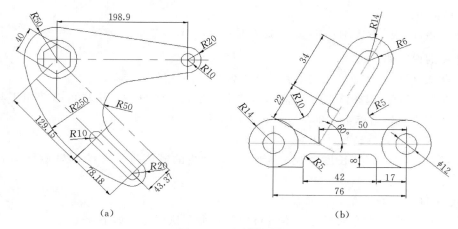

(a)　　　　　　　　　　　　　　　(b)

图 3.131　习题 7 图

8. 绘制图 3.132 所示图形（要求设置图层，并进行尺寸标注）。

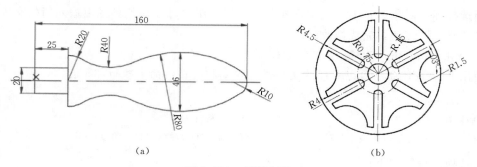

(a)　　　　　　　　　　　　　　　(b)

图 3.132　习题 8 图

第4章 三维实体绘制

传统的工程设计图纸只能表现二维图形，即使是三维轴测图也是设计人员利用轴测图画法把三维模型绘制在二维图纸上，本质上仍然是二维的。

现在，利用计算机和辅助设计软件可以创建出和现实生活中一样的模型，这些模型对工程设计有着重要的意义，可以在具体生产、制造、施工之前通过三维模型仔细研究其特性，例如进行力学分析、运动机构的干涉检查等，及时发现设计中的问题并加以优化。

AutoCAD 创建三维实体模型的方法有两种，一种是利用系统提供的基本三维实体创建对象生成实体模型；另一种是由二维平面图形通过拉伸、旋转等方法生成三维实体模型。前者只能创建一些基本实体，如长方体、球体、圆柱体等，而后者可以创建出许多形状复杂的三维实体模型，是三维实体模型创建的有效手段。

4.1 设 置 三 维 环 境

在 AutoCAD2013 以后的版本，专门为三维建模设置了三维模型工作空间，需要使用时，只要从工作空间的下拉列表中选择"三维建模"即可，如图 4.1 所示。

图 4.1　工作空间下拉列表

新建图形时使用"acadiso3D.dwt"样板图，并选择"三维建模"工作空间后，整个工作界面成为专门为三维建模设置的环境，如图 4.2 所示，绘图区域成为一个三维视图，上方的按钮变为三维建模常用设置。

4.1.1　三维建模使用的坐标系

进行三维建模时，往往需要使用精确的坐标值确定三维点。在 AutoCAD 中可以使用多种形式的三维坐标，包括直角坐标系、柱坐标系和球坐标系。

1. 直角坐标

AutoCAD 三维空间中的任意一点都可以用直角坐标（X，Y，Z）的形式表示，其中 X、Y 和 Z 分别表示该点在三维坐标系中 X 轴、Y 轴和 Z 轴上的坐标。

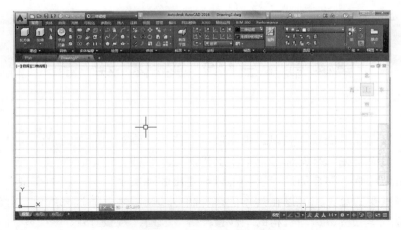

图 4.2 三维建模工作空间

例如点（5，4，3）在坐标系中的位置如图 4.3 所示

2. 柱坐标

柱坐标用（$L<a$，z）形式表示，其中 L 表示该点在 XOY 平面上的投影到原点的距离，a 表示该点在 XOY 平面上的投影和原点之间的连线与 X 轴的夹角，Z 为该点在 Z 轴上的坐标。例如，点（$7<30$，4）的位置如图 4.4 所示。

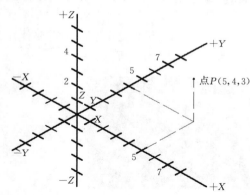

图 4.3 直角坐标系

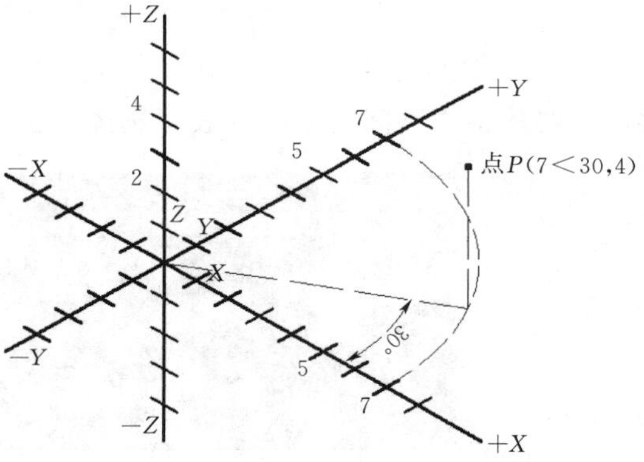

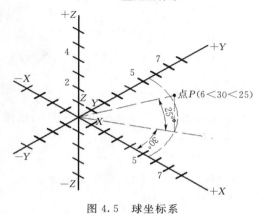

图 4.5 球坐标系

图 4.4 柱坐标系

3. 球坐标

球坐标用（$L<a<b$）形式表示，其中 L 表示该点到原点的距离，a 表示该点与原点的连线在 XOY 平面上的投影与 X 轴之间的夹角，b 表示该点与原点的连线与 XOY 平面的夹角。例如，（$6<30<25$）的位置如图 4.5 所示。

4.1.2 创建用户坐标系

AutoCAD 通常是在当前坐标系的 XOY 平面上进行绘图的，这个 XOY 平面称为构造平面。在三维环境下绘图需要在三维模型不同的平面上绘图,因此,要把当前坐标系的 XOY 平面变换到需要绘图的平面上,也就是需要创建新的坐标系——用户坐标系,这样可以清楚、方便地创建三维模型。

创建用户坐标系,也可理解为变换用户坐标系,就是重新确定坐标系新的原点和 X 轴、Y 轴、Z 轴的方向。用户可以按照需要定义、保存和恢复任意多个用户坐标系。AutoCAD 提供了多种方式来创建用户坐标系。

创建用户坐标系的方式有以下 3 种:

(1) 功能区的"常用"标签的坐标面板。

(2) 功能区的"视图"标签的坐标面板。

(3) 在命令行输入"UCS"命令并按 Enter 键。

"视图"或"视区"的"坐标"面板如图 4.6 所示。

图 4.6 "坐标"面板

UCS 命令执行过程如下:

命令:UCS

当前 UCS 名称:∗世界∗

指定 UCS 的原点或 [面(F)/命名(NA)/对象(OB)/上一个(P)/视图(V)/世界(W)/X/Y/Z/Z 轴(ZA)]<世界>:

其中各选项说明如下:

(1) 面 (F):将 UCS 与实体对象的选定面对齐,UCS 的 X 轴将与找到的第一个面上的最近边对齐。

(2) 命名 (NA):按名称保存并恢复通常使用的 UCS。

(3) 对象 (OB):在选定的图形对象上定义新的坐标系。

(4) 上一个 (P):恢复上一个 UCS。

(5) 视图 (V):以平行于屏幕的平面为 XY 平面建立新的坐标系,UCS 的原点保持不变。

(6) 世界 (W):将当前用户坐标系设置为世界坐标系。

(7) X (X):将当前 UCS 绕 X 轴旋转指定角度。

(8) Y (Y):将当前 UCS 绕 Y 轴旋转指定角度。

(9) Z (Z):将当前 UCS 绕 Z 轴旋转指定角度。

(10) Z 轴 (ZA):用指定新原点和指定一点为 Z 轴正方向的方法创建新的 UCS。

4.1.3 观察显示三维模型

创建三维模型是要在三维空间中进行绘图,不但要变换用户坐标系,还要不断变换三维模型的显示方位,也就是设置三维观察点的位置,这样才能从空间的不同方位来观察三维模型,使得创建三维模型更加方便快捷。

在三维建模环境中,主要靠"视图"标签的"导航"面板来对三维模型的观察方位进行变换,如图 4.7 左图所示,在 AutoCAD 2013 以后版本的三维建模环境在绘图区右侧增加了"全导航控制盘",如图 4.7 右图所示。

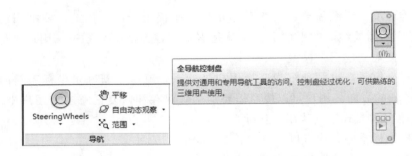

图 4.7　三维导航面板及全导航控制盘

4.2　绘制基本三维实体模型

三维基本实体模型是绘制复杂模型的基本元素。在 AutoCAD 中基本实体包括长方体、圆柱体、圆锥体、圆环体、多段体、楔体和棱锥体。

4.2.1　长方体的绘制

用 Box（长方体）命令可以绘制实心的长方体或立方体。创建时可以用底面顶点来定位，也可以用长方体中心来定位，所生成的长方体的底面平行于当前 UCS 的 XY 平面，长方体的高沿 Z 轴方向。

单击"建模"功能面板中的"长方体"或执行"常用→建模→长方体"命令或在命令提示行中输入 Box 命令，并按 Enter 键。执行命令时，命令行提示如下。

（1）指定长方体的两个角点和高度绘制长方体，如图 4.8、图 4.9 所示。

命令：Box
指定第一个角点或 [中心(C)]：0,0,0　　　　　　//指定第一个角点
指定其他角点或 [立方体(C)/长度(L)]：50,75　　//指定第二个角点
指定高度或 [两点(2P)] <30.0000>：　　　　　　//输入长方体的高度

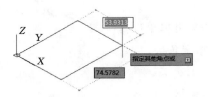

图 4.8　绘制底面长方形

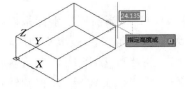

图 4.9　指定长方体的高

（2）指定长方体的中心点及用长、宽、高绘制长方体，如图 4.10、图 4.11 所示。

命令：Box
指定第一个角点或 [中心(C)]：C　　　　　　　　//选择中心，用长、宽、高绘制长方体
指定中心：0,0,0　　　　　　　　　　　　　　　//输入长方体的中心
指定角点或 [立方体(C)/长度(L)]：L
指定长度：60　　　　　　　　　　　　　　　　//输入长方体的长
指定宽度：40　　　　　　　　　　　　　　　　//输入长方体的宽
指定高度或 [两点(2P)] <134.5657>：30　　//输入长方体的高

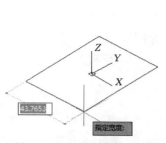

图 4.10 指定长方体的宽

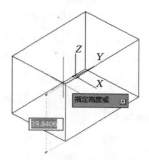

图 4.11 指定长方体的高

4.2.2 圆柱体的绘制

单击"建模"功能面板中的"圆柱体"或执行"常用→建模→圆柱体"命令或在命令提示行中输入 Cylinder 命令，并按 Enter 键，根据命令行提示，指定圆柱体底面圆心、半径和高度即可创建圆柱体，如图 4.12 所示。

执行命令时，命令行提示如下：

命令：Cylinder
指定底面的中心点或 [三点(3P)/两点(2P)/切点、切点、半径(T)/椭圆(E)]：100,50 //指定圆心
指定底面半径或 [直径(D)] <25.0000>：20   //输入底面半径
指定高度或 [两点(2P)/轴端点(A)] <33.9781>：25   //输入圆柱体高度

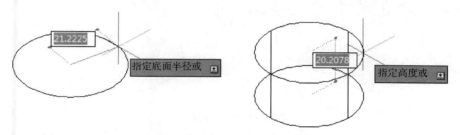

图 4.12 以底面圆心、半径和高度绘制圆柱体

绘制椭圆柱体的方法与绘制圆柱体类似，同样执行"圆柱体"命令，在命令行输入"E"，启动绘制椭圆命令，然后根据提示，指定底面椭圆的长半轴、短半轴的长度，并输入椭圆柱高度的值，如图 4.13、图 4.14 所示。

图 4.13 绘制底面椭圆

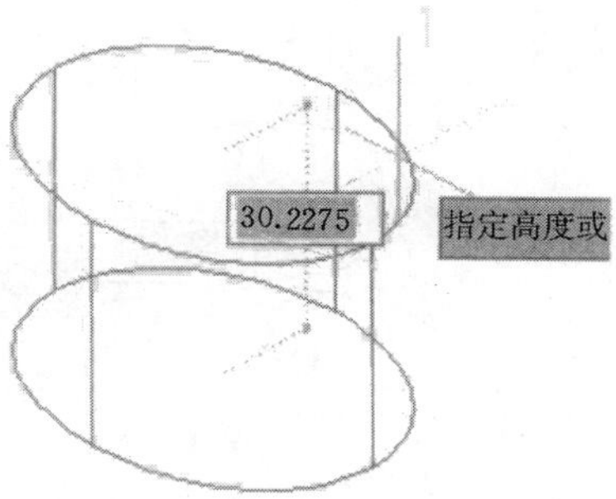

图 4.14 输入椭圆的高度

命令行各选项说明如下：

（1）中心点：指定圆柱体底面圆心。

（2）三点：通过三点指定圆柱体底面的圆。

（3）两点：通过指定两点来定义圆柱体底面直径。

（4）切点、切点、半径：定义具有指定半径，且与两个对象相切的圆柱体底面。

（5）椭圆：指定圆柱体的椭圆底面。

4.2.3 圆锥体的绘制

单击"建模"功能面板中的"圆锥体"或执行"常用→建模→圆锥体"命令或在命令提示行中输入 Cone 命令，并按 Enter 键，根据命令行提示，指定圆锥体底面圆心、半径和高度，即可创建圆柱体，如图 4.15 所示。

执行命令时，命令行提示如下：

```
命令：Cone
指定底面的中心点或［三点(3P)/两点(2P)/切点、切点、半径(T)/椭圆(E)］：50,50,0    //底面中心
指定底面半径或［直径(D)］＜50.0000＞：30                              //底面半径
指定高度或［两点(2P)/轴端点(A)/顶面半径(T)］＜40.0000＞：50           //圆锥高度
```

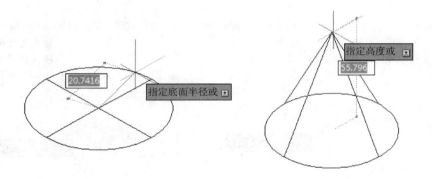

图 4.15 圆锥的绘制

如果选择顶面半径（T），则要输入顶面半径，然后输入高度，如图 4.16 所示。

4.2.4 球体的绘制

单击"建模"功能面板中的"球体"或执行"常用→建模→球体"命令或在命令提示行中输入 Sphere 命令，并按 Enter 键，根据命令行提示，指定圆心、半径即可完成球体的绘制，如图 4.17 所示。

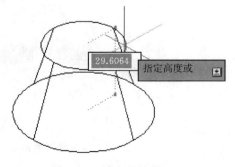

图 4.16 圆台的绘制

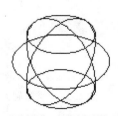

图 4.17 绘制球体

命令行提示如下：

命令：Sphere

指定中心点或［三点(3P)/两点(2P)/切点、切点、半径(T)］：//指定圆心点

指定半径或［直径(D)］<25.0000>：25　　　　　　　　　//输入球的半径

命令行各选项说明如下：

(1) 中心点：指定球体的中心。

(2) 三点：通过在三维空间的任意位置指定三点来定义球体。三点也可以定义圆周平面。

(3) 两点：通过在三维空间的任意位置两点定义球体圆周。

(4) 切点、切点、半径：通过与对象相切、相切，并指定半径定义球体。

4.2.5　圆环体的绘制

圆环体是由两个半径值定义，一是圆环的半径，即从圆环体中心到圆管中心的距离；二是圆管的半径。

单击"建模"功能面板中的"圆环体"或执行"常用→建模→圆环体"命令或在命令提示行中输入 Torus 命令，并按 Enter 键，根据命令行提示，指定圆环中心点，并输入圆环半径值，然后输入圆管半径值即可完成，如图 4.18、图 4.19 所示。

命令行提示如下：

命令：Torus

指定中心点或［三点(3P)/两点(2P)/切点、切点、半径(T)］：50,50,0　　//指定圆环的中心点

指定半径或［直径(D)］<35.3553>：30　　　　　　　　　//指定圆环的半径值

指定圆管半径或［两点(2P)/直径(D)］<5.0000>：5　　　　/指定圆管的半径值

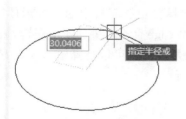

图 4.18　指定圆环的半径值

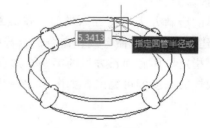

图 4.19　指定圆管的半径值

4.2.6　棱锥体的绘制

棱锥体是由底面和多个倾斜至一点的面组成，棱锥体可由 3～32 个侧面组成。

单击"建模"功能面板中的"棱锥体"或执行"常用→建模→棱锥体"命令或在命令提示行中输入 Pyramid 命令，并按 Enter 键，根据命令行提示，指定棱锥底面中心点，并输入底面外切圆半径值或内接圆半径值，然后输入棱锥体高度值即可完成，如图 4.20、图 4.21 所示。

命令行提示如下：

命令：Pyramid

4 个侧面　外切

指定底面的中心点或[边(E)/侧面(S)]：
指定底面半径或[内接(I)]＜34.8271＞：20
指定高度或[两点(2P)/轴端点(A)/顶面半径(T)]＜50.6327＞：40

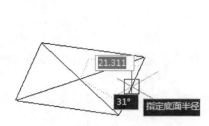

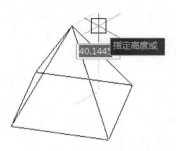

图 4.20 绘制棱锥底面图形　　　　　　　　图 4.21 指定棱锥高度

在 AutoCAD 中棱锥体默认的侧面数为 4，如果想增加棱锥侧面，可在命令行中输入"S"，并输入侧面数，然后再输入棱锥底面半径和高度即可。

命令行各选项说明如下：

(1) 边：通过拾取两点，指定棱锥一条边的长度。

(2) 侧面：指定棱锥的侧面数，默认为 4，取值范围为 3～32。

(3) 内接：指定棱锥底面半径。

(4) 轴端点：指定棱锥体轴的端点位置，该端点是棱锥体的顶点。轴端点可以是三维空间的任意点。

(5) 顶面半径：指定棱锥体的顶面半径。

4.2.7 楔体的绘制

楔体的绘制方法与长方体类似，可以单击"建模"功能面板中的"楔形体"或执行"常用→建模→楔体"命令或在命令提示行中输入 Wedge 命令，并按 Enter 键，根据命令行提示，指定楔体底面长方形的第一个角点、其他角点（也可以选择输入长、宽值），然后输入楔体的高度即可完成，如图 4.22、图 4.23 所示。

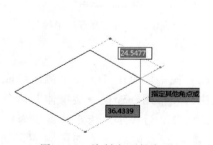

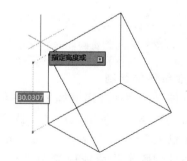

图 4.22 绘制底面长方形　　　　　　　　图 4.23 指定楔体高度

命令行提示如下：

命令：Wedge
指定第一个角点或[中心(C)]：20,20　　　　　　　　//指定底面长方形起点

112

指定其他角点或［立方体（C）/长度（L）］：@35,25　　　//指定其他角点或给出长、宽值
指定高度或［两点（2P）］：30　　　　　　　　　　　　//输入高度值

4.2.8　多段体的绘制

绘制多段体与绘制多段线的方法相似。在默认情况下，多段体始终带有一个矩形轮廓，可以指定轮廓的高度和宽度。如果绘制三维墙体，可以使用该命令。

单击"建模"功能面板中的"多段体"或执行"常用→建模→多段体"命令或在命令提示行中输入 Polysolid 命令，并按 Enter 键，根据命令行提示，设置多段的高度、宽度及对正方式，然后指定多段体的起点，下一点（或圆弧 A）进行绘制，如图 4.24、图 4.25 所示。

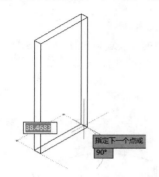

图 4.24　指定多段体下一点

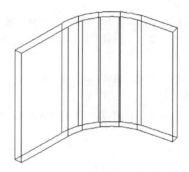

图 4.25　绘制的多段体

命令行提示如下：

命令：Polysolid 高度 ＝ 80.0000,宽度 ＝ 5.0000,对正 ＝ 居中
指定起点或［对象（O）/高度（H）/宽度（W）/对正（J）］＜对象＞：h　　//选择高度设置
指定高度 ＜80.0000＞：120　　　　　　　　　　　　　　　　　//输入高度值
高度 ＝ 120.0000,宽度 ＝ 5.0000,对正 ＝ 居中
指定起点或［对象（O）/高度（H）/宽度（W）/对正（J）］＜对象＞：w　　//选择宽度设置
指定宽度 ＜5.0000＞：10　　　　　　　　　　　　　　　　　　//输入宽度值
高度 ＝ 120.0000,宽度 ＝ 10.0000,对正 ＝ 居中
指定起点或［对象（O）/高度（H）/宽度（W）/对正（J）］＜对象＞：50,30　　//指定多段体起点
指定下一个点或［圆弧（A）/放弃（U）］：50,100　　　　　　　//指定多段体下一点

命令行各选项说明如下：

（1）对象：指定要转换为实体的对象。该对象可以是直线、圆弧、二维多段线及圆等对象。

（2）高度：指定多段体高度。

（3）宽度：指定多段体的宽度。

（4）对正：使用命令定义轮廓时，可将多段体的宽度和高度设置为左对正、右对正或居中。

（5）圆弧：将圆弧段添加到实体中。圆弧的默认起始方向与上次绘制的线段相切。

4.3　利用二维图形创建三维实体

除了使用基本三维命令绘制三维实体模型外，还可以使用拉伸、放样、旋转及扫掠命

令，由二维图形创建三维实体模型。

4.3.1 拉伸

"拉伸"命令可将二维的图形沿指定的高度或路径进行拉伸，生成三维实体模型。

单击"建模"功能面板中的"拉伸"或执行"常用→建模→拉伸"命令或在命令提示行中输入 Extrude 命令，并按 Enter 键，根据命令提示，选择拉伸的图形，输入拉伸高度即可完成拉伸操作，如图 4.26、图 4.27 所示。

命令行提示如下：

命令：Extrude
当前线框密度： ISOLINES＝4,闭合轮廓创建模式 ＝ 实体
选择要拉伸的对象或［模式(MO)］：_MO 闭合轮廓创建模式［实体(SO)/曲面(SU)］＜实体＞：_SO
　　　　　　　　　　　　　　　　　　　　//选择拉伸的图形
选择要拉伸的对象或［模式(MO)］：找到 1 个
选择要拉伸的对象或［模式(MO)］：
指定拉伸的高度或［方向(D)/路径(P)/倾斜角(T)/表达式(E)］＜70＞：75　　//输入拉伸高度值

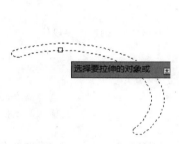

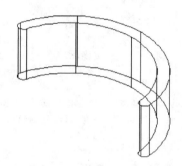

图 4.26　选择拉伸的图形　　　　　　图 4.27　输入拉伸高度值

如果需要按照路径进行拉伸，在选择所需拉伸的图形后，输入"P"并按 Enter 键，根据命令行提示，选择拉伸路径即可完成，如图 4.28、图 4.29 所示。

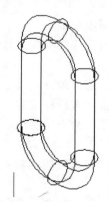

图 4.28　选择拉伸路径　　　　　　图4.29　生成三维实体

命令行各选项说明如下：

（1）拉伸高度：拉伸的高度值，如果输入正数值，拉伸对象沿 Z 轴正方向拉伸；如果输入负数值，拉伸对象沿 Z 轴负方向拉伸。

（2）方向：用两个指定点指定拉伸的长度和方向（方向不能与拉伸创建的扫掠曲线所在的平面平行）。

（3）路径：选择拉伸对象的拉伸路径。拉伸的路径可以是开放的，也可以是封闭的。

4.3.2 放样

使用放样命令可将两个或两个以上的横截面轮廓生成三维实体模型。

单击"建模"功能面板中的"放样"或执行"常用→建模→放样"命令或在命令提示行中输入 Loft 命令，并按 Enter 键，根据命令提示，依次选择所有截面轮廓，按 Enter 键即可完成放样操作，如图 4.30 所示。

命令行提示如下：

命令：Loft
当前线框密度： ISOLINES＝4,闭合轮廓创建模式 ＝ 实体
按放样次序选择横截面或［点（PO）/合并多条边（J）/模式（MO）］：_MO 闭合轮廓创建模式［实体（SO）/曲面（SU）］＜实体＞：_SO　　　　　　　　　　//依次选择横截面图形
按放样次序选择横截面或［点（PO）/合并多条边（J）/模式（MO）］：找到 1 个
按放样次序选择横截面或［点（PO）/合并多条边（J）/模式（MO）］：找到 1 个,总计 2 个
按放样次序选择横截面或［点（PO）/合并多条边（J）/模式（MO）］：找到 1 个,总计 3 个
按放样次序选择横截面或［点（PO）/合并多条边（J）/模式（MO）］：选中了 3 个横截面
输入选项［导向（G）/路径（P）/仅横截面（C）/设置（S）］＜仅横截面＞：　//按 Enter 键

命令行各选项说明如下：

（1）点（PO）：如果选择"点"选项，还必须选择闭合曲线。

（2）合并多条边（J）：将多个端点相交曲线合并为一个横截面。

（3）模式（MO）：控制放样对象是实体还是曲面。

（4）导向（G）：指定控制放样实体或曲面形状的导向曲线。导向曲线可以是直线或曲线。

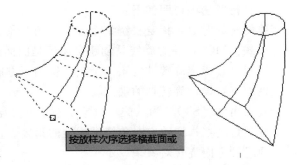

按放样次序选择横截面或

图 4.30　放样创建三维实体

（5）路径（P）：指定放样实体或曲面的单一路径。路径曲线必须与横截面的所有平面相交。

（6）仅横截面（C）：在不使用导向或路径的情况下，创建放样对象。

4.3.3 旋转

旋转命令是通过绕轴旋转二维对象来创建三维实体。

单击"建模"功能面板中的"旋转"或执行"常用→建模→旋转"命令或在命令提示行中输入 Revolve 命令，并按 Enter 键，根据命令提示，选择要旋转的图形，并选择旋转轴，输入旋转角度即可完成，如图 4.31、图 4.32 所示。

命令行提示如下：

命令：Revolve

当前线框密度： ISOLINES＝4,闭合轮廓创建模式 ＝ 实体

选择要旋转的对象或［模式（MO）］：_MO 闭合轮廓创建模式［实体（SO）/曲面（SU）］＜实体＞：_SO

选择要旋转的对象或［模式（MO）］：找到 1 个   //选择要旋转的对象

选择要旋转的对象或［模式（MO）］：

指定轴起点或根据以下选项之一定义轴［对象（O）/X/Y/Z］＜对象＞： //指定旋转轴两个端点

指定轴端点：

指定旋转角度或［起点角度（ST）/反转（R）/表达式（EX）］＜360＞：270   //输入旋转角度

图 4.31　选择要旋转对象

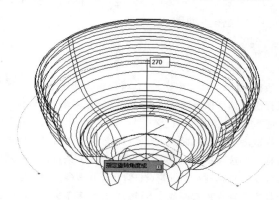

图 4.32　输入旋转角度

命令行各选项说明如下：

要旋转的对象：指定要绕某个轴旋转的对象。

模式（MO）：控制旋转是创建实体还是曲面。

轴起点：指定旋转轴的第一个点。轴的正方向从第一点指向第二点。

轴端点：设定旋转轴的端点。

起点角度（ST）：为从旋转对象所在平面开始的旋转指定偏移。

旋转角度：指定选定对象绕轴旋转的角度。正角度将按逆时针方向旋转对象。负角度将按顺时针方向旋转对象。

对象（O）：指定要作为轴的现有对象，可以将直线、线性多段线线段以及实体或曲面的线性边用作轴。

X/Y/Z（轴）：将当前 UCS 的 X/Y/Z 轴正向设定为轴的正方向。

4.3.4　扫掠

扫掠命令用于沿指定路径以指定轮廓形状（扫掠对象）绘制实体或曲面。

单击"建模"功能面板中的"扫掠"或执行"常用→建模→扫掠"命令或在命令提示行中输入 Sweep 命令，并按 Enter 键，根据命令提示，选择要扫掠的图形对象，再选择扫掠路径，即可完成扫掠操作，如图 4.33、图 4.34 所示。

命令行提示如下：

命令：Sweep

当前线框密度： ISOLINES＝4,闭合轮廓创建模式 ＝ 实体

选择要扫掠的对象或［模式(MO)］：_MO 闭合轮廓创建模式［实体（SO）/曲面（SU）］＜实体＞：_SO

选择要扫掠的对象或［模式（MO)］：找到 1 个

选择要扫掠的对象或［模式（MO)］： //选择要扫掠的对象

选择扫掠路径或［对齐（A）/基点（B）/比例（S）/扭曲（T)］： //选择要扫掠的路径

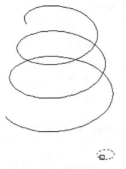
图 4.33　选择要扫掠的对象

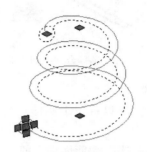
图 4.34　扫掠生成三维实体

命令行各选项说明如下：

（1）对齐：指定是否对齐轮廓以使其作为扫掠路径切向的法向。如果轮廓与路径起点的切向不垂直（法线未指向路径起点的切向），则轮廓将自动对齐。

（2）基点：指定要扫掠对象的基点。

（3）比例：指定比例因子以进行扫掠操作。从扫掠路径的开始到结束，比例因子将统一应用到扫掠的对象。

（4）扭曲：设置正被扫掠的对象的扭曲角度。扭曲角度指定沿扫掠路径全部长度的旋转量。

4.4 布 尔 运 算

使用布尔运算可以创建多种复合模型，布尔运算分为并集运算、差集运算和交集运算。

4.4.1 并集运算

使用并集命令可以将两个或两个以上的三维实体（或面域）合并成一个实体（或面域）。

单击"实体编辑"功能面板中的"并集"或执行"常用→实体编辑→并集"命令或在命令提示行中输入 Union 命令，并按 Enter 键，根据命令提示，选择要并集的实体模型，然后按 Enter 键即可完成操作，如图 4.35、图 4.36 所示。

命令行提示如下：

命令：Union

选择对象：找到 1 个 //选择所要并集的实体对象

选择对象：找到 1 个,总计 2 个 //按 Enter 键,完成并集

选择对象：

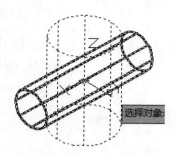

图 4.35　选择合并的图形对象

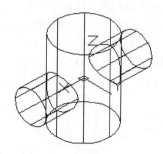

图 4.36　完成合并操作

4.4.2　差集运算

使用差集命令可以将一组实体从另一组实体中减去，剩余的部分形成新的组合实体对象。

单击"实体编辑"功能面板中的"差集"或执行"常用→实体编辑→差集"命令或在命令提示行中输入 Subtract 命令，并按 Enter 键，根据命令提示，选择被减的实体对象，然后再选择要减去的实体对象，按 Enter 键即可完成差集操作，如图 4.37、图 4.38 所示。

命令行提示如下：

命令：Subtract
选择要从中减去的实体、曲面和面域 …　　　　　//选择要从中减去的模型
选择对象：找到 1 个
选择对象：
选择要减去的实体、曲面和面域 …　　　　　//选择要减去的模型
选择对象：找到 1 个　　　　　//按 Enter 键,完成操作//

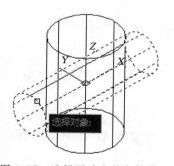

图 4.37　选择要减去的实体模型

图 4.38　完成差集操作

4.4.3　交集运算

使用交集命令，可以将两个或两个以上重叠实体（或面域）的公共部分创建复合的三维实体（或二维面域）。

单击"实体编辑"功能面板中的"交集"或执行"常用→实体编辑→交集"命令或在命令提示行中输入 Intersect 命令，并按 Enter 键，根据命令提示，选择要进行交集运算的实体，按 Enter 键完成操作，如图 4.39 所示。

命令行提示如下：

命令：Intersect

选择对象：找到 1 个　　　　　　　　　//选择第一个实体

选择对象：找到 1 个,总计 2 个　　　　//选择第二个实体

选择对象：

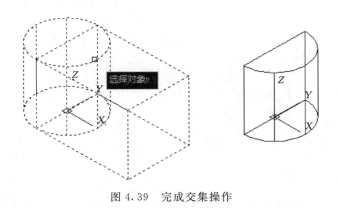

图 4.39　完成交集操作

4.5　三维对象的编辑

创建的三维对象有时达不到设计要求，这就需要对三维对象进行编辑，如对三维对象进行移动、旋转、复制、镜像等操作。

4.5.1　移动三维对象

移动三维对象主要是调整对象在三维空间中的位置。其方法与二维移动相似。执行"常用→修改→三维移动"命令，根据命令提示，选择所要移动的三维对象，并指定移动的基点，然后指定新的位置或输入移动距离，即完成三维移动。

命令行提示如下：

命令：3dmove

选择对象：找到 1 个

选择对象：　　　　　　　　　　　　　　　　//选择要移动的三维模型

指定基点或［位移(D)］＜位移＞：　　　　　//指定移动基点

指定第二个点或 ＜使用第一个点作为位移＞：正在重生成模型　　//指定新目标基点

4.5.2　旋转三维对象

三维旋转命令可以将选择的对象绕三维空间定义的轴（X 轴、Y 轴、Z 轴）按指定的角度进行旋转，在旋转三维对象之前需要定义一个点为三维对象的基准点。执行"常用→修改→三维旋转"命令，根据命令提示，选择所要旋转的三维对象，并指定旋转基点和旋转轴，然后输入旋转角度，即完成三维旋转，如图 4.40、图 4.41 所示。

命令行提示如下：

命令：3drotate

UCS 当前的正角方向： ANGDIR＝逆时针 ANGBASE＝0

选择对象：找到 1 个 　　　　　　　　　　　//选择旋转对象

选择对象：

指定基点： 　　　　　　　　　　　　　　　//指定旋转的基点

拾取旋转轴： 　　　　　　　　　　　　　　//选择旋转轴

指定角的起点或键入角度：90 　　　　　　　//输入旋转角度

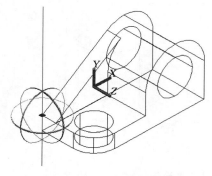 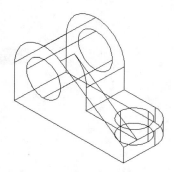

图 4.40　指定旋转的基点和旋转轴 　　　　　图 4.41　完成旋转

4.5.3　对齐三维对象

使用对齐命令可以在三维空间中将两个图形按指定的方式对齐，AutoCAD 将根据用户指定的对齐方式来改变对象的位置或进行缩放，以便能够与其他对象对齐。执行"常用→修改→三维对齐"命令，根据命令提示，选择要对齐的三维对象，再选择要对齐的点，即可完成操作，如图 4.42 所示。

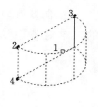 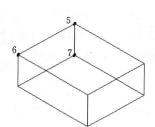 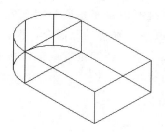

图 4.42　三维对齐操作

命令行提示如下：

命令：3dalign

选择对象：找到 1 个 　　　　　　　　　　//选择要对齐的三维对象(1)

选择对象：

指定源平面和方向 …

指定基点或［复制(C)］： 　　　　　　　　//选择要对齐的基点(2)

指定第二个点或［继续(C)］＜C＞： 　　　//选择要对齐的第二个点(3)

指定第三个点或［继续(C)］＜C＞： 　　　//选择要对齐的第三个点(4)：

指定目标平面和方向 …

指定第一个目标点：　　　　　　　　　　　　//选择目标对齐基点(5)

指定第二个目标点或［退出(X)］<X>：　　　　//选择目标的第二个点(6)

指定第三个目标点或［退出(X)］<X>：　　　　//选择目标的第三个点(7)

4.5.4　镜像三维对象

使用三维镜像命令可以以任意空间平面为镜像面，创建指定对象的镜像副本，源对象与镜像副本相对于镜像面彼此对称。执行"常用→修改→三维镜像"命令，根据命令提示，先选择镜像的对象，然后选择镜像平面，即可完成镜像操作，如图 4.43 所示。

命令行提示如下：

命令：mirror3d

选择对象：找到 1 个　　　　　　　　　　　//选择要镜像的对象

选择对象：　　　　　　　　　　　　　　　//按 Enter 键

指定镜像平面（三点）的第一个点或　　　　　//指定镜像平面第一个点

　［对象(O)/最近的(L)/Z 轴(Z)/视图(V)/XY 平面(XY)/YZ 平面(YZ)/ZX 平面(ZX)/三点(3)］

<三点>：在镜像平面上指定第二点：在镜像平面上指定第三点：//指定第二个点、第三个点

是否删除源对象？［是(Y)/否(N)］<否>：　　　　　　//按 Enter 键，完成镜像

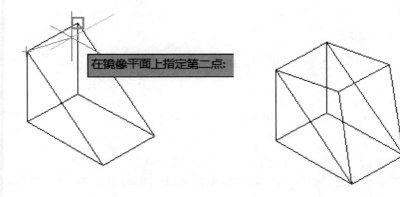

图 4.43　三维镜像操作

命令行各选项说明如下：

（1）对象：选择需要镜像的三维模型。

（2）三点：通过三点定义镜像平面。

（3）最近的：使用上次执行三维镜像命令的设置。

（4）Z 轴：根据平面上的一点和平面法线上的一点定义镜像平面。

（5）视图：将镜像平面与当前视口中通过指定点的视图平面对齐。

（6）XY/YZ/ZX（平面）：将镜像平面与一个通过指定点的标准平面（XY、YZ 或 ZX）对齐。

4.5.5　阵列三维对象

用三维阵列命令可以进行三维阵列复制，即复制出的多个实体在三维空间按一定的形式排列。三维阵列有两种排列形式，分别是矩形阵列和环形阵列。

1. 三维矩形阵列

在菜单栏中执行"修改→三维操作→三维阵列"命令，根据命令提示，选择阵列类型，输入相关的行数、列数、层数以及各间距值，即可完成三维阵列操作，如图 4.44 所示。

命令行提示如下：

命令：3darray

选择对象：找到 1 个

选择对象：   //选择要阵列的对象

输入阵列类型［矩形（R）/环形（P）］＜矩形＞:r   //选择阵列类型，默认是矩形阵列

输入行数（－－－）＜1＞:2   //输入行数

输入列数（|||）＜1＞:3   //输入列数

输入层数（...）＜1＞:   //输入层数

指定行间距（－－－）:70   //输入行间距值

指定列间距（|||）:50   //输入列间距值

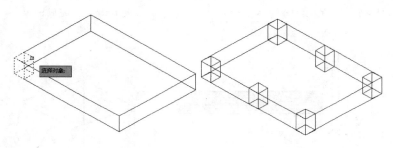

图 4.44　三维矩形阵列

2. 三维环形阵列

在菜单栏中执行"修改→三维操作→三维阵列"命令，根据命令提示，选择阵列类型，输入阵列数目、角度、是否旋转阵列对象以及阵列中心轴，即可完成三维阵列操作，如图 4.45 所示。

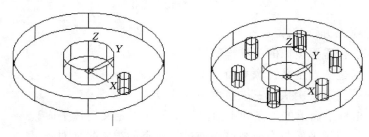

图 4.45　三维环形阵列

命令行提示如下：

命令：3darray

选择对象：找到 1 个

选择对象：   //选择要阵列的对象

输入阵列类型［矩形（R）/环形（P）］＜矩形＞:p　　　　//选择"环形"阵列
输入阵列中的项目数目：6　　　　　　　　　　　　　　　//输入要阵列的数目
指定要填充的角度（＋＝逆时针，－＝顺时针）＜360＞：　//输入阵列角度
旋转阵列对象？［是（Y）/否（N）］＜Y＞：　　　　　　//选择是否旋转对象
指定阵列的中心点：　　　　　　　　　　　　　　　　　//指定阵列轴的起点
指定旋转轴上的第二点：0,0,15　　　　　　　　　　　//指定阵列轴的端点

4.5.6　三维实体绘制实例

创建如图 4.46 所示轴承座的三维实体模型。

（1）使用 acadiso.dwt 样板图新建一个文件，设置绘图环境。

（2）在"常用→视图→三维导航"列表中选择"西南等轴测"，在"常用→视图→视觉样式"列表中选择"二维线框"。

（3）执行"常用→建模→长方体"命令，以（0，0，0）为基准点，分别以 90、30、10 和 36、30、3 为长、宽、高绘制长方体，如图 4.47 所示。

（4）用三维移动命令，以小长方体底边中点为基点，将小长方体移到大长方体底边中点位置，如图 4.48 所示。

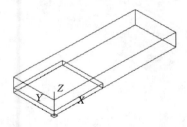

图 4.46　轴承座三维模型

图 4.47　绘制大小两个长方体

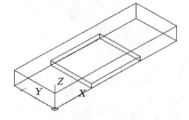

图 4.48　移动小长方体使其与大长方体底边中点对齐

（5）执行"常用→实体编辑→差集"命令，从大长方体中减去小长方体，如图 4.49 所示。

（6）对图 4.49 所示的轴承座底板的四个立边倒 R5 的圆角，两个内底边倒 R2 的圆角，如图 4.50 所示。

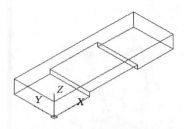

图 4.49　减去小立方体后的轴承座底板

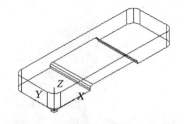

图 4.50　倒圆角后的轴承座底板

（7）先以（12.5，15，10）为底面圆心、7 为半径、2 为高绘制圆柱体，再以（12.5，15，0）为底面圆心、3 为半径、12 为高绘制圆柱体，如图 4.51 所示。

（8）执行"常用→修改→三维镜像"命令，选择长方体三条边的中点为镜像面，不删

除源对象的两个圆柱体复制到底座的另一端，如图 4.52 所示。

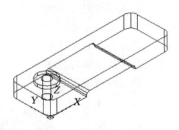
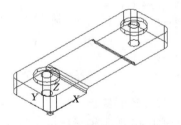

图 4.51　创建完成底座一端的圆柱体　　　　图 4.52　将圆柱体镜像到底座另一端

（9）执行"常用→实体编辑→并集"命令，将底座与两个高度为 2 的两个圆柱体合并，再用"常用→实体编辑→差集"命令，将两个高为 12 的两个圆柱体从底座中减去，然后将视觉样式修改为"概念"，结果如图 4.53 所示。

（10）单击"视图→坐标→X"按钮，执行 UCS 命令，将坐标系绕 X 轴旋转 90°，然后单击"视图→坐标→原点"按钮，将坐标系的原点切换到底板上端后侧中点位置，如图 4.54 所示。

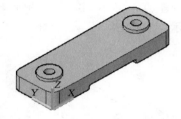
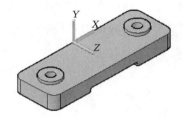

图 4.53　完成布尔运算后的底座　　　　图 4.54　坐标变换后的原点

（11）执行"常用→建模→圆柱体"命令，以（0，50，0）为底面圆心，分别做以 15 和 7.5 为半径、高度为 30 的两个圆柱体，然后用差运算从大圆柱体中减去小圆柱体，如图 4.55 所示。

（12）用 line 命令，以（−23，0）为起点，捕捉圆柱体的切点为另一端点画线，再以（23，0）为起点，捕捉圆柱体的切点为另一端点画另一条线，绘制出筋板的轮廓，如图 4.56 所示。

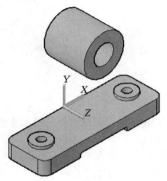
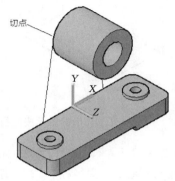

图 4.55　创建两个圆柱体并进行布尔运算　　　　图 4.56　绘制筋板的轮廓

（13）执行"常用→绘图→边界"命令，在弹出的"边界创建"对话框中，单击"拾取点"按钮，拾取如图4.57所示的位置，创建筋板多段线截面。

（14）执行"常用→建模→拉伸"命令，选择创建的筋板截面为拉伸对象，拉伸高度为8，创建筋板实体，如图4.58所示。

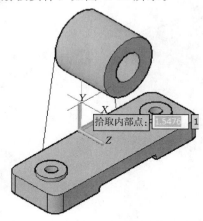

图4.57 创建筋板多段线截面

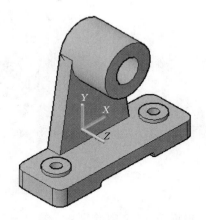

图4.58 绘制筋板实体

（15）在"常用→视图→三维导航"的列表中选择"左视"，然后将视觉样式改为"二维线框"，将对象捕捉设置为只有"中点"方式，使用多段线命令直接创建筋板的截面，并将上部圆筒向后移动2单位，如图4.59所示。

（16）在"常用→视图→三维导航"的列表中选择"西南等轴测"，回到轴侧视图，然后将视觉样式改回"概念"方式显示，执行"常用→建模→拉伸"命令，将创建的筋板截面拉伸，拉伸高度为8。

（17）使用移动命令，将筋板的中点移至底板中点。执行"常用→实体编辑→并集"命令，将底座、圆柱体、两块筋板全部合并在一起，如图4.60所示。

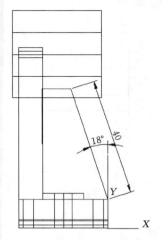

图4.59 用边界命令创建筋板截面

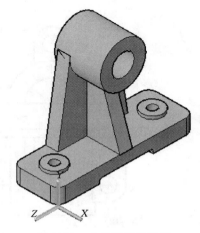

图4.60 合并后的轴承座

（18）使用倒角和圆角命令，将所有的棱边及后面对称的隐藏边进行倒角和圆角，最后结果如图 4.61 所示。

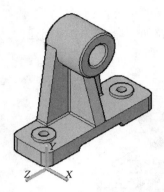

图 4.61 倒角后的轴承座三维实体模型

习 题

1. 根据图 4.62 中的尺寸，绘制出三维实体图。

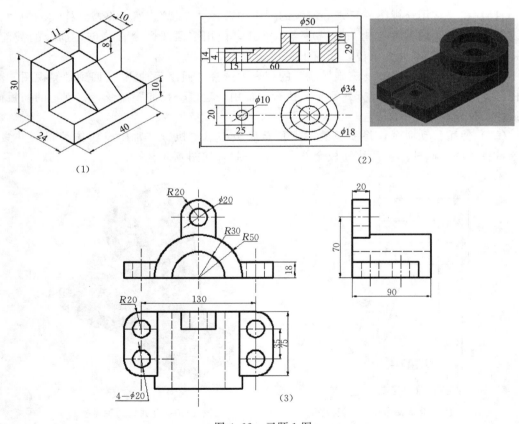

(1)

(2)

(3)

图 4.62 习题 1 图

2. 按图 4.63 所示的尺寸构造三维实体。

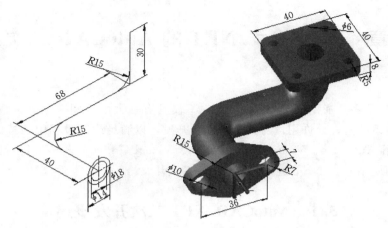

图 4.63　习题 2 图

第 5 章 基于 C♯.NET 的 AutoCAD 二次开发

AutoCAD 是一个通用的 CAD 平台，它不仅具有强大的绘图、图形编辑功能，而且具有开放的体系结构，允许用户对其进行二次开发，以满足绘图过程中的特殊要求。AutoCAD 允许用 AutoLisp、Visual Basic、VBA、Visual C++等多种工具对其进行开发。本章介绍如何应用 C♯.NET 进行 AutoCAD 二次开发。

5.1 AutoCAD.NET 二次开发概述

从 AutoCAD 2006 开始，Autodesk 为其开发增加了.NET API，.NET API 提供了一系列托管的外包类，使开发人员可在 Microsoft.NET Framework 下，使用任何支持.NET 的语言，如 VB.NET、C♯和 Managed C++等对 AutoCAD 进行二次开发。C♯综合了 VB 的可视化操作和 C++的高运行效率，以其强大的操作能力、创新的语言特性和便捷的面向组件的支持，成为.NET 开发语言的首选。

.NET API 与传统的 ObjectARX 的区别在于在.NET 环境下开发应用程序与在 VC 环境下开发应用程序的不同。首先，在 VC 环境下，程序员需要自己管理内存的申请和释放，而.NET 采用了垃圾回收机制，由.NET 框架自行判断内存回收的时机并实施回收，从而解决了令 C++程序头痛的内存泄露问题。其次，ObjectARX 中的各种反应器（Reactor）在.NET API 中由外包类映射为各种事件（Event），可通过定义这些事件的响应函数来响应 AutoCAD 的各种操作。同时对于错误信息的处理也从函数返回值改变为异常来处理。

5.1.1 AutoCAD 版本与开发平台 Visual Studio.NET 对应关系

在开始编写程序之前，先了解一下 AutoCAD 与 Visual Studio.NET 版本之间的对应关系，表 5.1 列出了 AutoCAD、.NET 及 Visual Studio 版本之间的对应关系。

表 5.1　　　　　　　　AutoCAD、.NET 及 Visual Studio 版本之间的对应关系

AutoCAD 版本（版本号）	.NET 版本	Visual Studio 版本
2004~2006（R16.0~R16.2）	1.0	Visual Studio 2002
2007~2008（R17.0~R17.1）	2.0	Visual Studio 2005
2009（R17.2）	2.0	Visual Studio 2005 SP1
2010~2011（R18.0~R18.1）	3.5	Visual Studio 2008 SP1
2012（R18.2）	4.0	Visual Studio 2010
2013（R19.0）	4.0	Visual Studio 2010 SP1

本书使用的环境如下：

操作系统：Windows 7 或 Windows 10。

AutoCAD 版本：AutoCAD 2016。

Visual Studio 版本：Visual Studio 2013。

开发语言：C♯。

5.1.2 AutoCAD. NET API 组件

AutoCAD. NET API 由不同的 DLL（动态链接库）文件组成，这些 DLL 文件包含大量的类、结构、方法及事件，用于访问图形对象或 AutoCAD 程序对象，每个 DLL 文件定义了不同的命名空间，按功能组织成 API 组件。

常用的 AutoCAD. NET API DLL 文件包括：

（1）AcDbMgd. dll 用于处理图形文件对象。

（2）AcMgd. dll 和 accoremgd. dll 用于处理 AutoCAD 应用程序。

（3）AcCui. dll 用于处理自定义文件。

5.1.3 一个简单的二次开发实例

用 VS2013 创建一个新的类库项目（DLL），在 AutoCAD 中可以加载该 DLL 文件，DLL 文件向 AutoCAD 添加一个"HelloNET"新命令。在命令行输入该命令并按 Enter 键，在命令函显示"Hello，欢迎进入 AutoCAD. NET 开发世界"。

（1）新建项目。启动 Visual Studio 2013，在起始页中，用鼠标单击"开始"中的"新建项目"，弹出"新建项目"对话框，在项目类型中选择"Visual C♯"，在模板列表中选择"类库"，在"名称"文本框中输入项目的名称（本例中为 FirstNET），在"位置"文本框中输入项目保存的位置，也可以通过右边的"浏览"按钮选择要保存的位置，在"解决方案名称"文本框中输入解决方案名称为 ch05，如果 AutoCAD 是 2016 版 .NET Framework 可用默认的 4.5，完成上述设置后，单击"确定"按钮，如图 5.1 所示。

图 5.1　新建一个类库项目

（2）添加程序集的引用。程序集也称为组件，在项目解决方案浏览器中，用鼠标右键单击项目名"FirstNET"下的"引用"节点，然后选择"添加引用"菜单，如图 5.2（a）

所示。

在弹出的"引用管理器"对话框中，选择"浏览"选项卡，单击"浏览"按钮，弹出"要选择引用文件"对话框，在 AutoCAD 2016 的安装目录下选择 acmgd. dll、acdbmdg. dll 和 accoremgd. dll 这三个文件（如果是 AutoCAD 2012 或更低版本只要引用 acmgd. dll 和 acdbmdg. dll)，然后单击"确定"按钮，如图 5.2 (b) 所示。

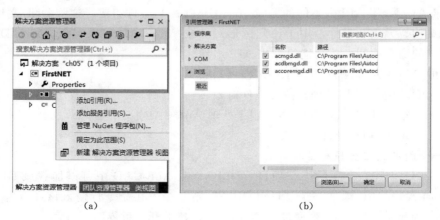

（a）　　　　　　　　　　　　　　　　　　（b）

图 5.2　添加引用（acmgd. dll、acdbmdg. dll 和 accoremgd. dll)

通过上面的操作，在所创建的项目中添加了 acmgd. dll、acdbmdg. dll 和 accoremgd. dll 程序集，在解决方案资源管理器窗口可以进行查看，如图 5.3 所示。

（3）使用对象浏览器，可以浏览上面加入的程序集所提供的类，这些类位于以 Autodesk. AutoCAD 开头的命名空间内，如图 5.4 所示。

图 5.3　查看添加的引用　　　　图 5.4　Visual Studio 对象浏览器

下面简要说明图 5.4 中常用的命名空间：

1）Autodesk. AutoCAD. DatabaseServices 命名空间中的类表示组成 AutoCAD 图形数据库的元素，包括图形对象（如直线、圆等）和非图形对象（如图层、线型等）。

2）Autodesk. AutoCAD. Runtime 命名空间中的类提供了系统级别的功能，如 DLL 初始化和运行时类的注册与确认。

3）Autodesk. AutoCAD. ApplicationService 命名空间中的类用来定义和注册新的 AutoCAD 命令，命令的行为方式与 AutoCAD 本身的命令一样。

4）Autodesk. AutoCAD. EditorInput 命名空间提供了与用户交互有关的类。

5）Autodesk. AutoCAD. Color 命名空间提供了与颜色有关的类。

6）Autodesk. AutoCAD. Geometry 命名空间的类被 DatabaseService 命名空间的类用来执行常见的 2D 及 3D 的几何操作，它提供了一系列的工具类，如向量、矩阵、基本的几何对象。

7）Autodesk. AutoCAD. GraphicsInterface 命名空间中的类表示绘制 AutoCAD 实体所使用的图形接口。

8）Autodesk. AutoCAD. PlottingServices 命名空间提供了与打印相关的类。

9）Autodesk. AutoCAD. Windows 命名空间中的类可以用来访问 AutoCAD 的对话框，它还提供了一些接口用于 AutoCAD 可扩展的用户界面对象。

（4）在所生成项目的 Class1. cs 文件中，在 Class1 类的声明语句（位于 Class1. cs 文件的顶部）之前，导入 ApplicationService、EditorInput、Runtime 的命名空间，代码如下：

```
Autodesk. AutoCAD. ApplicationService；
Autodesk. AutoCAD. EditorInput；
Autodesk. AutoCAD. Runtime；
```

（5）在类 Class1 中加入命令 HelloNET。要加入能在 AutoCAD 中调用的命令，必须使用 CommandMethod 属性。这个属性由 Runtime 命名空间提供。在类 Class1 中加入下列属性和函数。

```
［CommandMethod("HelloNET")］
    public void HelloNET()
    { }
```

（6）当 HelloNET 命令在 AutoCAD 中运行时，上面定义的 HelloNET 函数就会被调用。在 HelloNET 函数中加入以下代码：

```
Editor ed = Application. DocumentManager. MdiActiveDocument. Editor；
ed. WriteMessage("Hello,欢迎进入 AutoCAD. NET 开发世界")；
```

在 HelloNET 函数中，创建一个 Editor 类的实例，使用 Application 类可以访问 AutoCAD 当前活动文档的 Editor 对象，使用 Editor 对象的 WriteMessage 方法在命令行中显示"Hello，欢迎进入 AutoCAD. NET 开发世界"文本。

（7）选择 Visual Studio 的"生成→生成解决方案"菜单或按"Ctrl＋Shift＋B"快捷键编译程序，如果在 Visual Studio 的输出窗口显示"生成成功"，则表示程序编译成功。

（8）启动 AutoCAD 2016，使用 NETLOAD 命令装载编译好的托管程序。在 AutoCAD 命令行中输入 NETLOAD，会出现"选择 . NET 程序集"的对话框。选择上面生成的"FirstNET. dll"文件，然后打开它。最后，在命令行输入"HelloNET"就会显示出程序运行的结果，如图 5.5 所示。

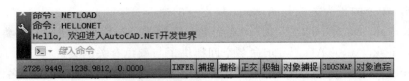

图 5.5　HelloNET 命令执行结果

注意：如果使用的 Visual Studi . NET 的版本与 AutoCAD 的版本不兼容，则在编译生成动态链接库或执行 dll 文件注册的 AutoCAD 命令时出错。

5.2　AutoCAD 数据库基础

. NET 的操作机理与 VBA 完全不同，和传统的 ObjectARX 很相似，在用 Auto-CAD. NET API 编写程序之前，大家必须知道关于 AutoCAD 数据库的基础知识。

5.2.1　AutoCAD 数据库

AutoCAD. NET 的 Database 对象包含 AutoCAD 所有的图形对象和绝大部分非图形对象，其中包括：实体、符号表和对象词典等。实体（图元）表示的是图形对象，直线、圆、弧线、文字、填充和多义线等都是图元。

要访问数据库对象，需要导入 Autodesk. AutoCAD. DatabaseServices 命名空间，Au-toCAD 数据库用该命名空间中的 Database 来表示，可以通过以下语句获取当前的 Auto-CAD 数据库：

Database db ＝ HostApplicationServices. WorkingDatabase；

除了获取当前的数据库外，还可以使用 new 和 deleet 创建和删除一个图形数据库。

AutoCAD 数据库包含一系列符号表和一个命名对象词典。符号表和命名对象字典都是存储数据库对象的容器，其中特定类型的符号表只能存储特定类型的记录，例如层表中只能存储层记录，也就是通常的层；块表中只能存储块表记录，也就是通常的块定义。在 AutoCAD 数据库中有 9 个固定类型的符号表，开发者不能向数据库中新增或者删除任何一种类型的符号表。

命名对象字典是所有扩充字典的根对象，其中包含了其他字典，作为非实体对象保存的容器。当 AutoCAD 创建一个新图时，在 AutoCAD 数据库就创建一个命名对象字典，可以保存除实体对象之外的其他数据库对象。在缺省的情况下命名对象字典主要包含四类字典：组字典（ACAD_GROUP），MLINE 线型字典（ACAD_MILINESTYLE），布局字典（ACAD_LAYOUT）和其他一些与打印输出有关的字典。可以在字典中保存用户定义的扩充数据。

数据库对象在数据库中按层次保存，如图 5.6 所示，每个数据库对象，无论是实体，还是层表记录都必须存储在特定的容器中，也就是必须有所有者。层表记录保存在层表中，实体必须保存在块表记录中，从中不难看出数据库 Database 是位于最顶部的所有者，通过数据库 Database 就可以获得其他数据库对象。

5.2.2　AutoCAD. NET 中事务处理

首先介绍 AutoCAD. NET 中的事务处理，因为对数据库的所有操作都要通过事务来完成。

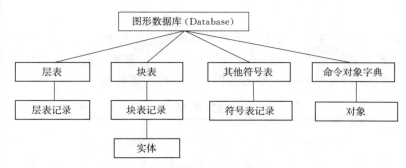

图 5.6　图形数据库结构

　　事务是把对多个对象进行的多个操作包装起来形成的一个操作，它设定了数据库操作的边界并负责异常的清理，事务用 Transaction 类表示。在事务的范围内，程序能够从对象 ID 值获取数据库对象，在事务结束之前这些数据库对象都能够有效使用，直到事务成功结束，才能提交在对象上进行操作。如果事务出现异常，那么在对象上所进行的所有操作将被取消。

　　AutoCAD 中通过事务管理器 TransactionManager 来控制程序的所有事务，它主要用来启动、关闭和异常结束一个事务，同时它还能提供在某一个时刻活动的事务个数，以及在所有事务中获得对象的列表和清单等。

　　通过数据库 Database. TransactionManager 属性获取事务管理器，开始一个事务要通过事务管理器的 StartTransaction（）方法，事务的 Commit（）方法可以将事务提交，事务提交后其内的所有的数据库操作会生效，而 Abort（）方法则是放弃一个事务，此时所有的数据库操作会被取消，需要注意的是，事务结束需要通过 Dispose 方法显式地释放。

　　结合 . NET API 中异常处理的 Try – Catch – Finally 块结构，标准的通过事务访问数据库操作的完整处理过程如下：

```
Database db = HostApplicationServices. WorkingDatabase;
//开始一个事务
Transaction  trans  =db. TransactionManager. StartTransaction();
try
{    // 数据库操作
     trans. Commit();       //提交事务
}
catch (Autodesk. AutoCAD. Runtime. Exception e)
{    //放弃事务
     trans. Abort ();
}
finally
{    // 显式地释放
     trans. Dispose();
}
```

　　值得注意的是 finally 语句，无论 try 块中的语句是否发生异常，finally 块中的语句都会被执行。

AutoCAD 在 .NET 开发环境下，访问所有的数据库对象需要通过事务的 GetObject（）方法，该函数的第一个参数为 ObjectId，用于表示打开哪个数据库对象，第二个参数为打开模式，是 OpenMode 枚举类型的数据，可用的模式见表 5.2。

表 5.2　　　　　　　　　　　　　　　　对　象　打　开　模　式

OpenMode	说　　明
ForRead	以读的模式打开对象
ForWrite	以写的模式打开对象。如果已经打开，则一些模式打开对象将失败
ForNotify	以通知模式打开

下列示例代码通过块表记录的 ID 来打开一个块表对象：

BlockTable blockTable ＝ trans. GetObject(db. BlockTableId,
OpenMode. ForRead) as BlockTable;

ObjectId 是数据库中的对象在内存中对应一个唯一标识，它在每个 AutoCAD 实例中是唯一的，当对象被添加到数据库中的时候，系统会自动创建一个与之关联的 ObjectId，对象 ID 仅存在于其所在的数据库从内存中产生到数据库被删除之间，并且如果操作多个数据库，对象 ID 在多个数据库之间都是唯一的。

5.2.3　符号表

每个新建的图形文件，AutoCAD 数据库中会自动创建以下 9 种类型的符号表，每种符号表只能存储指定类型的记录。例如，层表（LayerTable）只能保存层表记录（LayerTableRecords），开发者也不能创建或者删除符号表，可以操作的只能是符号表中的记录，如增加或修改符号表中的记录。

AutoCAD 数据库的符号表主要包括：

（1）块表（BlockTabLe）。

（2）尺寸标注样式表（DimStyleTable）。

（3）层表（LayerTable）。

（4）线型表（LinetypeTable）。

（5）应用程序注册表（RegAppTable）。

（6）文字样式表（TextStyleTable）。

（7）用户坐标系表（UCSTable）。

（8）视口表（ViewportTable）。

（9）视图表（ViewTable）。

所有的符号表中都包含有记录，符号表中的记录需要借助字符关键字来加以标识，所有的符号表都具有一些容器类所共有的操作函数，如：

Add 创建新的符号表记录。

Item 用于从指定的符号表中通过字符关键字获取指定的记录。

Has 通过字符关键字判断记录是否存在符号表中。

下面以实例说明符号表的操作。

　　每个数据库对象有且只有一个其所有者，在创建数据库对象时，需要查找对象正确的所有者并添加到其中。例如，新创建的层记录 LayerTableRecord 只能被添加到层表中，而新创建的实体只能被添加到块表记录中。

　　使用前面的 Add 方法将新创建的符号表记录添加到对应的表中，一旦对象被添加到其所有者中，需要通过事务的 AddNewlyCreatedDBObject 方法立刻通知事务，例如：

```
layerId = layerTbl. Add(layerTblRecord);          //添加一个层到层表
trans. AddNewlyCreatedDBObject(layerTblRecord,true);      //需要通知事务
```

下面以创建一个新层为例说明符号表的具体操作过程。

```
[CommandMethod("CreateLayer")]
public void CreateLayer()
{
    Database db = HostApplicationServices. WorkingDatabase;
    Transaction  trans  =db. TransactionManager. StartTransaction();      //开始事务
try
{   //首先取得层表
    LayerTable layerTbl =(LayerTable)trans. GetObject(db. LayerTableId,OpenMode. ForWrite);
    //检查 NewLayer 层是否存在
    if (layerTbl. Has("NewLayer"))
    {
        layerId = layerTbl["NewLayer"];
    }
    else
    {   //如果 NewLayer 层不存在,就创建它
        LayerTableRecord  layerTblRecord  =  new  LayerTableRecord();
        layerTblRecord. Name = "NewLayer"; //设置层的名字
        layerId = layerTbl. Add(layerTblRecord);
        trans. AddNewlyCreatedDBObject(layerTblRecord,true);
    }
    trans. Commit();      //提交事务
}
catch (Autodesk. AutoCAD. Runtime. Exception e)
{   //放弃事务
    trans. Abort();
}
finally
    {   // 显式地释放
        trans. Dispose();
    }
}
```

5. 3 创建 AutoCAD 的实体

用户可以创建一系列的实体，从简单的直线、圆到椭圆、样条曲线等。

5. 3. 1 直线的创建

直线是 AutoCAD 中最基本的图形对象。可以创建各种直线、简单直线、多段线。通常，通过指定坐标点来绘制直线。创建直线时可以从绘图数据库中继承当前的设置，如图层、线型和颜色。绘制一条直线的步骤如下。

1. 注册 AutoCAD 命令

（1）用 5.1 节的方法新建一个类库项目 LineAndPolylines，将解决方案名称修改为 LineAndPolylines，添加 acmgd. dll、acdbmdg. dll 和 accoremgd. dll 的引用，并将"复制本地"属性改为 False，将 Class1 类更名为 Lines。

（2）在 Lines 类中注册一个名为"AddLine"的命令，在语句 public class Lines（）下的大括号内输入：

```
[CommandMethod("AddLine")]
public static void AddLine()
{
}
```

在输入[CommandMethod("AddLine")]后，会注意到其下方出现红色的波浪线，把鼠标移到[CommandMethod("AddLine")]上后系统弹出一行"未找到类型或命名空间"的提示。通过 5.2 节的学习可知，应该为 CommandMethod 属性添加相应的命名空间，即在文件的开头加入如下语句：

```
using Autodesk. AutoCAD. Runtime；
using Autodesk. AutoCAD. ApplicationServices；
```

2. 绘制直线

```
[CommandMethod("AddLine")]
public static void AddLine()
{   //获取当前活动图形数据库
    Document acDoc = Application. DocumentManager. MdiActiveDocument；
    Database acCurDb = acDoc. Database；
    //开始事务处理
    using (Transaction acTrans = acCurDb. TransactionManager. StartTransaction())
    {   //以读方式打开块表
        BlockTable acBlkTbl；
        acBlkTbl = acTrans. GetObject(acCurDb. BlockTableId,
                            OpenMode. ForRead) as BlockTable；
        //以写方式打开模型空间块表
        BlockTableRecord acBlkTblRec；
```

```
acBlkTblRec = acTrans. GetObject(acBlkTbl[BlockTableRecord. ModelSpace],
                        OpenMode. ForWrite) as BlockTableRecord;
//创建直线(5,5,0)-(12,3,0)
using (Line acLine = new Line(new Point3d(5,5,0),new Point3d(12,3,0)))
{   //将图形对象的信息添加到块表记录中
        acBlkTblRec. AppendEntity(acLine);
        acTrans. AddNewlyCreatedDBObject(acLine,true);
}
    acTrans. Commit();       //提交事务处理
}
}
```

注意：上面代码中的 Database 类属于 Autodesk. AutoCAD. DatabaseServices 命名空间，Point3d 类属于 Autodesk. AutoCAD. Geometry 命名空间，需要在 Lines 类的开头导入这两个命名空间。

3. 常用代码的处理

在编写代码时，经常会碰到一些重复的代码，下面的代码是 AutoCAD 二次开发过程中经常使用的：

```
//获取当前活动图形数据库
Database db＝HostApplicationServices. WorkingDatabase;
Editor ed＝doc. Editor;
//开始事务处理
using(Transaction  trans  ＝db. TransactionManager. StartTransaction())
{
try
{     trans. Commit();       //提交事务
}
catch (System. Exception ex)
{     //如有异常,放弃事务处理
trans. Abort ();     }
}
```

对于上面这样的常用代码，可以将其添加到工具箱中，如图 5.7 所示，在需要的时候在从工具箱中双击或拖放到代码窗口中，以减少代码输入的工作量。具体操作步骤如下：

（1）在代码窗口中选中需要的代码。

（2）按住鼠标按钮不放并移动到工具箱。

（3）释放鼠标按钮以放下文本，这样代码就被放置在工具箱中。

图 5.7 常用代码的定义

（4）用鼠标右键单击工具箱中的代码标识，在弹出的快捷菜单中，选择"重命名项"

菜单项，为代码标识重新命名。

4. 绘制多段线

下面举例绘制一条由点（10，20）、（20，10）、（50，25）构成的二维多段线。

```
[CommandMethod("AddLightweightPolyline")]
public static void AddLightweightPolyline()
{   //获取当前活动图形数据库
    Document acDoc = Application. DocumentManager. MdiActiveDocument;
    Database acCurDb = acDoc. Database;
    //开始事务处理
    using (Transaction acTrans = acCurDb. TransactionManager. StartTransaction())
    {   //以读方式打开块表
        BlockTable acBlkTbl;
        acBlkTbl = acTrans. GetObject(acCurDb. BlockTableId,OpenMode. ForRead) as BlockTable;
        //以写方式打开模型空间块表
        BlockTableRecord acBlkTblRec;
        acBlkTblRec = acTrans. GetObject(acBlkTbl[BlockTableRecord. ModelSpace],
                                    OpenMode. ForWrite) as BlockTableRecord;
        //创建一个有两段的多段线(3 points)
        using (Polyline acPoly = new Polyline())
        {   acPoly. AddVertexAt(0,new Point2d(10,20),0,0,0);
            acPoly. AddVertexAt(1,new Point2d(20,10),0,0,0);
            acPoly. AddVertexAt(2,new Point2d(50,25),0,0,0);
            //将新对象添加到块表记录和事务中
            acBlkTblRec. AppendEntity(acPoly);
            acTrans. AddNewlyCreatedDBObject(acPoly,true);
        }
        acTrans. Commit();
    }
}
```

5.3.2　创建曲线

通过 AutoCAD 可以创建多种曲线对象，包括样条曲线、圆、圆弧和椭圆。

1. 圆的创建

在 . NET 中，Circle 类用来表示圆。创建圆的构造函数有两种形式，具体如下：

```
public Circle();
public Circle(Point3d center,Vector3d normal,double radius);
```

创建一个圆需要 3 个参数：圆心、半径和圆所在的平面（一般用平面的法向矢量来表示）。第一种重载形式不接受任何参数，创建一个圆心为（0，0，0）、半径为 0 的圆，其所在平面的法向矢量为（0，0，1），在加入到图形数据库之前，半径必须设置为非 0 值，否则圆不会被创建。如果第二种重载形式则接收圆心、圆所在平面的法向矢量和半径 3 个参数。如果用第一种方法画圆，在创建圆以后，设置圆心、半径和圆所在平面的法向矢量。

2. 圆弧的创建

在 .NET 中 Arc 类用来表示圆弧，创建圆的构造函数有 3 种形式，具体如下：

```
public Arc();
public Arc(Point3d center,double radius,double startAngle,double endAngle);
public Arc(Point3d center,Vector3d normal,double radius,double startAngle,double endAngle);
```

最后一种重载形式接收 5 个参数，分别是圆心、法向矢量、半径、起始角度和终止角度。

Arc 的默认构造函数创建一个圆心为（0，0，0）、半径为 0 的圆弧，其所在平面的法向矢量为（0，0，1），起始角和终止角均为 0，在加入到图形数据库之前，半径必须设置为非 0 值，否则圆弧不会被创建。

```
[CommandMethod("AddCircle")]
    public static void AddCircle()
    {    //获取当前活动图形数据库
        Document acDoc = Application. DocumentManager. MdiActiveDocument;
        Database acCurDb = acDoc. Database;
        //开始事务处理
        using (Transaction acTrans = acCurDb. TransactionManager. StartTransaction())
        {    //以读方式打开块表
            BlockTable acBlkTbl;
            acBlkTbl = acTrans. GetObject(acCurDb. BlockTableId,
                                        OpenMode. ForRead) as BlockTable;
             //以写方式打开模型空间块表
            BlockTableRecord acBlkTblRec;
            acBlkTblRec = acTrans. GetObject(acBlkTbl[BlockTableRecord. ModelSpace],
                                        OpenMode. ForWrite) as BlockTableRecord;
            //创建圆心为(10,15),半径为 20 的圆
            using (Circle acCirc = new Circle())
            {    acCirc. Center = new Point3d(10,15,0);
                acCirc. Radius = 20;
                //将新对象添加到块表记录和事务中
                 acBlkTblRec. AppendEntity(acCirc);
                 acTrans. AddNewlyCreatedDBObject(acCirc,true);
            }
             acTrans. Commit();//提交事务处理
        }
    }
```

3. 椭圆的创建

创建椭圆对象可以直接调用 Ellipse 类的构造函数，其定义如下：

public Ellipse();

public Ellipse(Point3d center, Vector3d unitNormal, Vector3d majorAxis, double radiusRatio, double startAngle, double endAngle);

其中，center 表示椭圆的中心点，unitNormal 表示椭圆所在平面的法向矢量，majorAxis 表示椭圆 1/2 长轴矢量，radiusRatio 表示半径比例，startAngle 表示椭圆的起始角，endAngle 表示椭圆的终止角。

4. 样条曲线的创建

创建样条曲线可以调用 Spline 类的构造函数，Spline 类共有 5 种形式的构造函数，下面介绍两种形式：

public Spline(Point3dCollection point, int order, double fitTolerance);

public Spline(Point3dCollection point, Vector3d startTangent Vector3d endTangent, int order, double fitTolerance);

其中，point 表示样条曲线的拟合点，order 表示拟合曲线的阶数（必须 $2 \sim 26$），fitTolerance 表示允许的拟和误差，startTangent 和 endTangent 分别表示曲线起点和终点的切线方向。

使用（0，0，0）、（10，10，0）、（20，0，0）和（30，15，0）4 个点在模型空间中创建样条曲线。该样条曲线的起始和终止切向为（0.5，0.5，0.0）。

```
[CommandMethod("AddSpline")]
public static void AddSpline()
{    Document acDoc = Application. DocumentManager. MdiActiveDocument;
     Database acCurDb = acDoc. Database;
     using (Transaction acTrans = acCurDb. TransactionManager. StartTransaction())
     {
         BlockTable acBlkTbl;
         acBlkTbl = acTrans. GetObject(acCurDb. BlockTableId,
                     OpenMode. ForRead) as BlockTable;
         BlockTableRecord acBlkTblRec;
         acBlkTblRec = acTrans. GetObject(acBlkTbl[BlockTableRecord. ModelSpace],
                     OpenMode. ForWrite) as BlockTableRecord;
     //定义样条曲线的拟合点
         Point3dCollection ptColl = new Point3dCollection();
         ptColl. Add(new Point3d(0,0,0));
         ptColl. Add(new Point3d(10,10,0));
         ptColl. Add(new Point3d(20,0,0));
         ptColl. Add(new Point3d(30,15,0));
     //定义样条曲线的起点和终点的切线方向
         Vector3d vecTan = newVector3d(0.5,0.5,1);
         //创建经过(0,0,0)、(10,10,0)、(20,10,0)与(30,15,0)开始和结束点切线方向//为
(0.5,0.5,0.0)的样条曲线
```

```
using (Spline acSpline = new Spline(ptColl,vecTan,vecTan,4,0.0))
{   //将新对象添加到块表记录和事务中
    acBlkTblRec. AppendEntity(acSpline);
    acTrans. AddNewlyCreatedDBObject(acSpline,true);
}
acTrans. Commit();//提交事务处理
}
}
```

5.3.3 创建面域

面域是一个封闭的二维区域范围，是由一个封闭的环路外形创建。环路可以包括直线、轻多义线、圆、圆弧、椭圆、椭圆弧等。可以创建简单面域和组合面域。

1. 简单面域

在 .NET 中创建面域的对象比较特别，它不是利用构造函数来完成对象的创建，而是使用 Region 类的一个静态函数 CreateFromCurves 来完成。

CreateFromCurves 函数定义如下：

```
public static DBObjectCollection CreateFromCurves(DBObjectCollection curveSegments);
```

其中，curveSegments 参数表示一个曲线实体的集合，用来定义面域的边界，而作为面域的边界的曲线必须是首尾相连的闭合区域。

2. 组合面域

通过 Region 类的 BooleanOperation 函数即布尔操作可以创建组合面域，该函数定义如下：

```
public virtual void BooleanOperation(BooleanOperationType Operation,Region otherRegion);
```

其中，operation 表示布尔操作的类型，它是 BooleanOperationType 枚举，可以使用的值有 BoolUnite（并）、BoolSubtract（差）和 BoolIntersect（交）；otherRegion 表示除调用 BoolOperation 函数的面域外，要进行布尔运算的另一面域。

下面的例子是大圆减去小圆构成的面域。

```
[CommandMethod("CreateCompositeRegions")]
public static void CreateCompositeRegions()
{
    Document acDoc = Application. DocumentManager. MdiActiveDocument;
    Database acCurDb = acDoc. Database;
    using (Transaction acTrans = acCurDb. TransactionManager. StartTransaction())
    {
        BlockTable acBlkTbl;
        acBlkTbl = acTrans. GetObject(acCurDb. BlockTableId,
                            OpenMode. ForRead) as BlockTable;
        BlockTableRecord acBlkTblRec;
        acBlkTblRec = acTrans. GetObject(acBlkTbl[BlockTableRecord. ModelSpace],
```

```
OpenMode.ForWrite) as BlockTableRecord;
                //创建两个圆
            using (Circle acCirc1 = new Circle())
            {    acCirc1.Center = new Point3d(4,4,0);
                acCirc1.Radius =5;
                using (Circle acCirc2 = new Circle())
                {    acCirc2.Center = new Point3d(4,6,0);
                    acCirc2.Radius =2;
                    //将圆加到对象组
                    DBObjectCollection acDBObjColl = new DBObjectCollection();
                    acDBObjColl.Add(acCirc1);
                    acDBObjColl.Add(acCirc2);
                    //计算每个面域
                    DBObjectCollection myRegionColl = new DBObjectCollection();
                    myRegionColl = Region.CreateFromCurves(acDBObjColl);
                    Region acRegion1 = myRegionColl[0] as Region;
                    Region acRegion2 = myRegionColl[1] as Region;
                    //两面域相减
                    if (acRegion1.Area > acRegion2.Area)
                    {    //面域1减去面域2
                        acRegion1.BooleanOperation(BooleanOperationType.BoolSubtract,
                        acRegion2);
                        acRegion2.Dispose();
                        //添加最终面域到数据库
                        acBlkTblRec.AppendEntity(acRegion1);
                        acTrans.AddNewlyCreatedDBObject(acRegion1,true);
                    }
                    else
                    {
                        //面域2减去面域1
                        acRegion2.BooleanOperation(BooleanOperationType.BoolSubtract,
                        acRegion1);
                        acRegion1.Dispose();
                        //添加最终面域到数据库
                        acBlkTblRec.AppendEntity(acRegion2);
                        acTrans.AddNewlyCreatedDBObject(acRegion2,true);
                    }
                }
            }
            acTrans.Commit();      // 提交事务
        }
    }
```

5.3.4 图案填充

当创建图案填充时，不需要指定填充的区域。首先要创建一个填充对象，然后，可以指定外部的环路，也就是填充的最外边界，再继续指定里面的环路。

1. 创建填充对象

创建填充对象可以指定填充图案类型、填充名称及关联性。填充对象创建之后就不能再更改填充的关联。

要创建填充对象，则先需要创建一个对象的新实例，然后使用 AppendEntity 方法将其添加到 BlockTableRecord 对象中。

2. 关联填充

用户可以创建关联或非关联填充。关联填充是与填充的边界相关联，当边界修改后填充也会随之更新。非关联填充是与它们的边界相独立。关联性只能在填充创建时设定。当填充创建后可将其分解为非关联，但不能再次将其重新关联。

要生成关联填充，需将填充对象中的 Associativity 属性设定为 TRUE。要生成非关联填充，将填充对象中的 Associativity 属性设定为 FALSE。

3. 分配填充模式类型和名称

AutoCAD 提供实心填充和多于五十种的工业标准填充图案，填充图案可突出图形中特殊的特征或区域。例如，图案可帮助区分三维对象的构成或代表制造对象的材料。

填充图案可以是由 AutoCAD 提供，也可以是外部模型库提供。关于 AutoCAD 提供的填充图案的列表，请参见 AutoCAD 命令参考的附录"标准库"。

指定唯一的填充图案，必须在创建填充对象时输入图案类型和图案名称。图案类型是指定查找图案名称的位置。当输入图案时要用到以下常量：

HatchPatternType. PreDefined

从 acad. pat 或 acadiso. pat 文件的图案中选择图案名称。

HatchPatternType. UserDefined

使用当前线型定义线图案。

HatchPatternType. CustomDefined

从其他的 PAT 文件（除 acad. pat 或 acadiso. pat）选择图案名称。

当输入图案名称时，使用对图案类型指定的文件有效的名称。

4. 定义填充边界

当填充对象创建后，可添加填充边界。边界可由任何直线、圆弧、圆、二维多段线、椭圆、样条曲线和面域组成。

Hatch 类的 AppendLoop 函数用来为填充添加边界，其定义如下：

public void AppendLoop(HatchLoopTypes loopType, ObjectIdCollection dbObjIds);

添加的第一个边界必须为外部的边界，它定义了填充的最大外界限。添加外部边界的边界类型 loopType 要使用 HatchLoopTypes. Outermost。

当定义了外部边界后，可继续添加内部边界。添加内部边界的边界类型 loopType 要使用 HatchLoopTypes.Default。

　　内部边界定义了阴影内的孤岛。Hatch 对象对于这些孤岛的处理方法依靠 HatchStyle 属性的设定值。

　　HatchStyle 属性可设定为以下情形，见表 5.3。

表 5.3　　　　　　　　　　　　填 充 样 式 定 义

填充样式		条　件	描　　述
	正常	指标准样式或正常	该选项由外向内填充。如果 AutoCAD 遇到内部边界，填充将会关闭直到再遇到另一个边界。该项为 HatchStyle 属性的默认设定
	外部	只填充最外部的区域	该选项也是从区域边界向内填充图案，但当它遇到内部边界时关闭填充而不再打开
	忽略	忽略内部结构	该选项填充所有内部对象

　　定义填充之后，在显示之前必须使用 EvaluateHatch 方法求值。

　　创建填充对象实例。

　　本例在模型空间中创建关联填充。当填充创建后，更改关联了填充的圆的大小。阴影将会自动更改与当前圆的大小匹配。

```
[CommandMethod("AddHatch")]
    public static void AddHatch()
    {   //获取当前活动图形数据库
        Document acDoc = Application.DocumentManager.MdiActiveDocument;
        Database acCurDb = acDoc.Database;
        //开始事务处理
        using (Transaction acTrans = acCurDb.TransactionManager.StartTransaction())
        {   //以读方式打开块表
            BlockTable acBlkTbl;
            acBlkTbl = acTrans.GetObject(acCurDb.BlockTableId,
                                OpenMode.ForRead) as BlockTable;
            //以写方式打开模型空间块表
            BlockTableRecord acBlkTblRec;
            acBlkTblRec = acTrans.GetObject(acBlkTbl[BlockTableRecord.ModelSpace],
                                OpenMode.ForWrite) as BlockTableRecord;
            //创建 3 个圆对象
            using (Circle acCirc = new Circle())
            {   acCirc.Center = new Point3d(3,3,0);
```

```
acCirc. Radius = 5;
Circle acCirc1 = new Circle();
acCirc1. Center = new Point3d(3,3,0);
acCirc1. Radius = 3;
Circle acCirc2 = new Circle();
acCirc2. Center = new Point3d(3,3,0);
acCirc2. Radius = 2;
//添加圆对象到块表中
acBlkTblRec. AppendEntity(acCirc);
acTrans. AddNewlyCreatedDBObject(acCirc,true);
acBlkTblRec. AppendEntity(acCirc1);
acTrans. AddNewlyCreatedDBObject(acCirc1,true);
acBlkTblRec. AppendEntity(acCirc2);
acTrans. AddNewlyCreatedDBObject(acCirc2,true);
ObjectIdCollection acObjIdColl = new ObjectIdCollection();
acObjIdColl. Add(acCirc. ObjectId);
//创建填充对象并将其添加到块表
using (Hatch acHatch = new Hatch())
{    acHatch. PatternScale = 0. 25;
     acBlkTblRec. AppendEntity(acHatch);
     acTrans. AddNewlyCreatedDBObject(acHatch,true);
     //设置填充对象的属性
     acHatch. SetHatchPattern(HatchPatternType. PreDefined,"ANSI31");
     acHatch. Associative = true;
     acHatch. AppendLoop(HatchLoopTypes. Outermost,acObjIdColl);
     acObjIdColl. Clear(); acObjIdColl. Add(acCirc1. ObjectId);
     acHatch. AppendLoop(HatchLoopTypes. Default,acObjIdColl);
     acObjIdColl. Clear(); acObjIdColl. Add(acCirc2. ObjectId);
     acHatch. AppendLoop(HatchLoopTypes. Default,acObjIdColl);
     acHatch. EvaluateHatch(true);
}
}
acTrans. Commit();    // 提交事务
}
}
```

5.4 编辑 AutoCAD 的实体

修改已有对象可以通过该对象的方法和属性来完成。如果要修改图形对象的可视属性，可使用 Regen 方法在屏幕上重新绘制对象。

5.4.1　复制对象

在 AutoCAD 数据库中可以创建大多数图形对象和非图形对象的副本，使用 Clone 函数可以创建一个对象的副本，一旦对象被复制，可以将返回的对象在添加到数据库之前将其修改。可以通过 Clone 和 TransformBy 方法对 AutoCAD 对象进行修改。

除了复制对象之外，还可以使用 Clone 和 TransformBy 方法来偏移、镜像、阵列对象。

复制一个对象，首先应用该对象的 Clone 方法创建一个该对象的副本，该复制对象建立之后，可以对复制对象进行修改，然后将该复制对象添加到 AutoCAD 的数据库。如果不修改复制对象，则复制对象与原对象属性（包括大小、位置等）相同。如下程序是复制对象的实例。

```
[CommandMethod("SingleCopy")]
    public static void SingleCopy()
    {　//获取当前活动图形数据库
        Document acDoc = Application. DocumentManager. MdiActiveDocument;
        Database acCurDb = acDoc. Database;
        //开始事务处理
        using (Transaction acTrans = acCurDb. TransactionManager. StartTransaction())
        {　//以读方式打开块表
            BlockTable acBlkTbl;
            acBlkTbl = acTrans. GetObject(acCurDb. BlockTableId,
                                    OpenMode. ForRead) as BlockTable;
            //以写方式打开模型空间块表
            BlockTableRecord acBlkTblRec;
            acBlkTblRec = acTrans. GetObject(acBlkTbl[BlockTableRecord. ModelSpace],
                                    OpenMode. ForWrite) as BlockTableRecord;
            //创建以(20,20,0)为圆心,半径为 15 的圆
            using (Circle acCirc = new Circle())
            {
                acCirc. Center = new Point3d(20,20,0);
                acCirc. Radius = 15;
                //添加圆到块表和事务处理
                acBlkTblRec. AppendEntity(acCirc);
                acTrans. AddNewlyCreatedDBObject(acCirc,true);
                //复制圆并修改其半径
                Circle acCircClone = acCirc. Clone() as Circle;
                acCircClone. Radius = 10;
                //添加复制的圆到块表
                acBlkTblRec. AppendEntity(acCircClone);
                acTrans. AddNewlyCreatedDBObject(acCircClone,true);
            }
            acTrans. Commit();        // 提交事务
```

```
        }
    }
```

5.4.2　偏移对象

偏移对象是以与原始对象指定偏移距离创建新对象。可偏移圆弧、圆、椭圆、直线、多段线、样条曲线和构造直线。偏移对象使用对象提供的 GetOffsetCurves 方法。

该方法只需要一个输入参数，就是偏移对象的偏移距离。如果该距离为负值，这将被 AutoCAD 认为偏移生成"小"的曲线（也就是说，对于圆弧，它可能偏移生成的圆弧半径比起始曲线的半径小）。如果"小"没有意义（像直线等），则 AutoCAD 将向小的 X、Y、Z WCS 坐标方向偏移。如果偏移距离无效，则返回错误。如下程序是偏移对象的实例。

```
[CommandMethod("OffsetObject")]
public static void OffsetObject()
{   //获取当前活动图形数据库
    Document acDoc = Application.DocumentManager.MdiActiveDocument;
    Database acCurDb = acDoc.Database;
    //开始事务处理
    using (Transaction acTrans = acCurDb.TransactionManager.StartTransaction())
    {   //以读方式打开块表
        BlockTable acBlkTbl;
        acBlkTbl = acTrans.GetObject(acCurDb.BlockTableId,
                                        OpenMode.ForRead) as BlockTable;
        //以写方式打开模型空间块表
        BlockTableRecord acBlkTblRec;
        acBlkTblRec = acTrans.GetObject(acBlkTbl[BlockTableRecord.ModelSpace],
                OpenMode.ForWrite) as BlockTableRecord;
        //创建多段线
        using (Polyline acPoly = new Polyline())
        {   acPoly.AddVertexAt(0,new Point2d(10,10),0,0,0);
            acPoly.AddVertexAt(1,new Point2d(10,20),0,0,0);
            acPoly.AddVertexAt(2,new Point2d(20,20),0,0,0);
            acPoly.AddVertexAt(3,new Point2d(30,20),0,0,0);
            acPoly.AddVertexAt(4,new Point2d(40,40),0,0,0);
            acPoly.AddVertexAt(5,new Point2d(40,10),0,0,0);
            acPoly.AddVertexAt(6,new Point2d(10,10),0,0,0);
            //添加多段线到块表和事务处理
            acBlkTblRec.AppendEntity(acPoly);
            acTrans.AddNewlyCreatedDBObject(acPoly,true);
            //设置偏移距离
            DBObjectCollection acDbObjColl = acPoly.GetOffsetCurves(3);
            foreach (Entity acEnt in acDbObjColl)
            {   //添加偏移对象
```

```
                        acBlkTblRec. AppendEntity(acEnt);
                        acTrans. AddNewlyCreatedDBObject(acEnt,true);
                    }
                }
                //提交事务
                acTrans. Commit();
            }
        }
```

5.4.3　变换对象

如果需要对实体进行诸如移动、旋转、镜像、比例等几何变换时，就要使用 Entity 类的 TransformBy 函数，TransformBy 函数定义如下：

```
public virtual void TransformBy(Matrix3d transform);
```

所有 Entity 的派生类都实现了这个虚拟函数，因此所有实体都可以使用该函数进行几何变换。

参数 transform 的类型是 Matrix3d，它是一个位于 Geometry 命名空间的几何类，用于表示一个四维变换矩阵，其基本形式如式（5.1）所示。

$$\begin{bmatrix} M_{00} & M_{01} & M_{02} & M_{03} \\ M_{10} & M_{11} & M_{12} & M_{13} \\ M_{20} & M_{21} & M_{22} & M_{23} \\ 0.0 & 0.0 & 0.0 & 1.0 \end{bmatrix} \tag{5.1}$$

尽管可以像普通的矩阵那样修改变换矩阵的元素，但是多种变换叠加的矩阵参数计算非常麻烦，所幸 Matrix3d 类提供了一些静态函数可以进行变换矩阵的设置。

Displacement：生成移动对象矩阵；Rotation：生成旋转矩阵；Scaling：生成比例缩放矩阵；Mirroring：生成镜像矩阵。

1. 移动对象

可在沿一个向量移动一个对象而不改变对象大小和方向。

移动对象可以使用 Displacement 函数生成移动对象矩阵。该函数的定义形式如下：

```
public static Matrix3d Displacement(Vector3d vector);
```

其中，vector 参数是一个 Vector3d 结构的变量，表示移动向量，如果不知道该向量，要先创建基点的 Point3d 对象，然后使用 GetVectorTo 方法得到基点到目标点的向量。移动对象的实例如下：

```
[CommandMethod("MoveObject")]
public static void MoveObject()
{   //获取当前活动图形数据库
    Document acDoc = Application. DocumentManager. MdiActiveDocument;
    Database acCurDb = acDoc. Database;
    //开始事务处理
    using (Transaction acTrans = acCurDb. TransactionManager. StartTransaction())
```

```
{   //以读方式打开块表
    BlockTable acBlkTbl;
    acBlkTbl = acTrans. GetObject(acCurDb. BlockTableId,
                            OpenMode. ForRead) as BlockTable;
    //以写方式打开模型空间块表
    BlockTableRecord acBlkTblRec;
    acBlkTblRec = acTrans. GetObject(acBlkTbl[BlockTableRecord. ModelSpace],
                            OpenMode. ForWrite) as BlockTableRecord;
    //以(10,10)为圆心,以 8 为半径创建圆
    using (Circle acCirc = new Circle())
    {   acCirc. Center = new Point3d(10,10,0);
        acCirc. Radius =8;
        //创建移动圆的矢量 从(10,10,0) 到(20,0,0)
        Point3d acPt3d = new Point3d(10,10,0);
        Vector3d acVec3d = acPt3d. GetVectorTo(new Point3d(20,0,0));
        acCirc. TransformBy(Matrix3d. Displacement(acVec3d));
        //增加新的对象到块表
        acBlkTblRec. AppendEntity(acCirc);
        acTrans. AddNewlyCreatedDBObject(acCirc,true);
    }
    //提交事务
    acTrans. Commit();
}
}
```

2. 旋转对象

旋转对象是将绘制对象按给定旋转轴和基点旋转一个角度。利用 Matrix3d 类的静态函数 Rotation 可以得到旋转矩阵,用于旋转操作,Rotation 函数定义如下:

```
public static Matrix3d Rotation(double angle,Vector3d axis,Point3d center);
```

其中,angle 参数表示旋转的角度,axis 表示旋转轴,center 表示旋转的中心点。
旋转对象的实例如下:

```
[CommandMethod("RotateObject")]
public static void RotateObject()
{   //获取当前活动图形数据库
    Document acDoc = Application. DocumentManager. MdiActiveDocument;
    Database acCurDb = acDoc. Database;
    //开始事务处理
    using (Transaction acTrans = acCurDb. TransactionManager. StartTransaction())
    {
        //以读方式打开块表
        BlockTable acBlkTbl;
```

```
acBlkTbl = acTrans. GetObject(acCurDb. BlockTableId,
                      OpenMode. ForRead) as BlockTable;
//以写方式打开模型空间块表
BlockTableRecord acBlkTblRec;
acBlkTblRec = acTrans. GetObject(acBlkTbl[BlockTableRecord. ModelSpace],
                      OpenMode. ForWrite) as BlockTableRecord;
//创建多段线
using (Polyline acPoly = new Polyline())
{
    acPoly. AddVertexAt(0,new Point2d(10,20),0,0,0);
    acPoly. AddVertexAt(1,new Point2d(10,30),0,0,0);
    acPoly. AddVertexAt(2,new Point2d(20,30),0,0,0);
    acPoly. AddVertexAt(3,new Point2d(30,30),0,0,0);
    acPoly. AddVertexAt(4,new Point2d(40,40),0,0,0);
    acPoly. AddVertexAt(5,new Point2d(40,20),0,0,0);
    acPoly. Closed = true;
    Matrix3d curUCSMatrix = acDoc. Editor. CurrentUserCoordinateSystem;
    CoordinateSystem3d curUCS = curUCSMatrix. CoordinateSystem3d;
    //以 Z 轴为旋转轴、以(40,42.5,0)为中心旋转 45°.
    acPoly. TransformBy(Matrix3d. Rotation(0.7854,
                      curUCS. Zaxis,new Point3d(4,4.25,0)));
    //增加新的对象到块表与事务
    acBlkTblRec. AppendEntity(acPoly);
    acTrans. AddNewlyCreatedDBObject(acPoly,true);
}
//提交事务
acTrans. Commit();
    }
}
```

3. 镜像对象

镜像是沿轴或镜像线为图形对象创建镜像图形，所有的图形对象都可以镜像。

镜像对象，要先定义几何类的镜像线，得到镜像矩阵，再进行镜像变换（删除原对象）或镜像复制（不删除原对象），如图 5.8 所示。

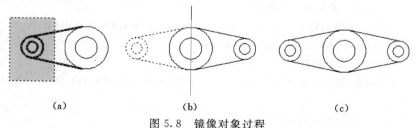

(a)　　　　　　　　　　(b)　　　　　　　　　　(c)

图 5.8　镜像对象过程

(a) 选择对象；(b) 选择镜像轴；(c) 镜像对象

Matrix3d 类的静态函数 Mirroring 返回一个镜像矩阵，用于镜像操作，定义如下：

public static Matrix3d Mirroring(Line3d line);

其中，输入参数 line 为 Geometry 命名空间的 Line3d 类，表示镜像线。镜像对象的实例如下：

```
[CommandMethod("MirrorObject")]
public static void MirrorObject()
{    //获取当前活动图形数据库
    Document acDoc = Application. DocumentManager. MdiActiveDocument;
    Database acCurDb = acDoc. Database;
    //开始事务处理
    using (Transaction acTrans = acCurDb. TransactionManager. StartTransaction())
    {    //以读方式打开块表
        BlockTable acBlkTbl;
        acBlkTbl = acTrans. GetObject(acCurDb. BlockTableId,
                                OpenMode. ForRead) as BlockTable;
        //以写方式打开模型空间块表
        BlockTableRecord acBlkTblRec;
        acBlkTblRec = acTrans. GetObject(acBlkTbl[BlockTableRecord. ModelSpace],
                                OpenMode. ForWrite) as BlockTableRecord;
        //创建多段线
        using (Polyline acPoly = new Polyline())
        {    acPoly. AddVertexAt(0,new Point2d(1,1),0,0,0);
            acPoly. AddVertexAt(1,new Point2d(1,2),0,0,0);
            acPoly. AddVertexAt(2,new Point2d(2,2),0,0,0);
            acPoly. AddVertexAt(3,new Point2d(3,2),0,0,0);
            acPoly. AddVertexAt(4,new Point2d(4,4),0,0,0);
            acPoly. AddVertexAt(5,new Point2d(4,1),0,0,0);
            acPoly. SetBulgeAt(1,-2); //在顶点 1 处创建一个凸起
            acPoly. Closed = true;
            // Add the new object to the block table record and the transaction
            acBlkTblRec. AppendEntity(acPoly);
            acTrans. AddNewlyCreatedDBObject(acPoly,true);
            //创建多段线的副本
            Polyline acPolyMirCopy = acPoly. Clone() as Polyline;
            acPolyMirCopy. ColorIndex = 5;
            //定义镜像线
            Point3d acPtFrom = new Point3d(0,4. 25,0);
            Point3d acPtTo = new Point3d(4,4. 25,0);
            Line3d acLine3d = new Line3d(acPtFrom,acPtTo);
            //镜像多段线
```

```
            acPolyMirCopy. TransformBy(Matrix3d. Mirroring(acLine3d));
            //增加新的对象到块表记录
            acBlkTblRec. AppendEntity(acPolyMirCopy);
            acTrans. AddNewlyCreatedDBObject(acPolyMirCopy,true);
        }
        acTrans. Commit();//提交事务
    }
}
```

4. 缩放对象

可以通过指定基点和缩放因子来缩放对象。所有的图形对象和属性参照对象都可以进行缩放。

在 .NET 中缩放一个对象要使用变换矩阵的缩放函数，缩放函数是变换矩阵 Matrix3d 类的一个静态函数，其定义如下：

```
public static Matrix3d scaling(double scaleAll,Point3d center);
```

其中，scaleAll 表示缩放比例，center 表示缩放中心，缩放比例大于 1 时放大对象；缩放比例在 0 和 1 之间时缩小对象。缩放对象的实例如下：

```
[CommandMethod("ScaleObject")]
public static void ScaleObject()
{    //获取当前活动图形数据库
    Document acDoc = Application. DocumentManager. MdiActiveDocument;
    Database acCurDb = acDoc. Database;
    //开始事务处理
    using (Transaction acTrans = acCurDb. TransactionManager. StartTransaction())
    {    //以读方式打开块表
        BlockTable acBlkTbl;
        acBlkTbl = acTrans. GetObject(acCurDb. BlockTableId,
                                OpenMode. ForRead) as BlockTable;
        //以写方式打开模型空间块表
        BlockTableRecord acBlkTblRec;
        acBlkTblRec = acTrans. GetObject(acBlkTbl[BlockTableRecord. ModelSpace],
                                OpenMode. ForWrite) as BlockTableRecord;
        //创建多段线
        using (Polyline acPoly = new Polyline())
        {
            acPoly. AddVertexAt(0,new Point2d(10,20),0,0,0);
            acPoly. AddVertexAt(1,new Point2d(10,30),0,0,0);
            acPoly. AddVertexAt(2,new Point2d(20,30),0,0,0);
            acPoly. AddVertexAt(3,new Point2d(30,30),0,0,0);
            acPoly. AddVertexAt(4,new Point2d(40,40),0,0,0);
            acPoly. AddVertexAt(5,new Point2d(40,20),0,0,0);
```

```
            acPoly. Closed = true;
            //缩放比例 0.5 ,基点为（40,42.5,0）
            acPoly. TransformBy(Matrix3d. Scaling(0.5,new Point3d(40,42. 5,0)));
            //增加新的对象到块表记录
            acBlkTblRec. AppendEntity(acPoly);
            acTrans. AddNewlyCreatedDBObject(acPoly,true);
        }
        //提交事务
        acTrans. Commit();
    }
}
```

5.4.4 阵列对象

可以创建对象的环形阵列或矩形阵
列。对象的阵列不是使用专用功能集创建
的，而是通过复制对象的组合来创建的，
然后使用转换矩阵来旋转和移动所复制的
对象。如图 5.9 所示，列出了每种类型阵
列的基本逻辑。

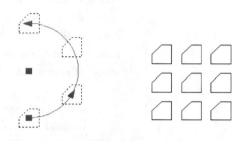

图 5.9 环形阵列与矩形阵列

环形阵列：根据环形阵列的基点和角
度来排列和移动复制对象。所创建每个副
本的位置可以由对象到阵列基点的距离和角度来计算，阵列中所复制的对象也可以进行旋
转。阵列中创建了每个副本，需要将它附加到块表记录中。

环形阵列的示例程序如下：

```
static Point2d PolarPoints(Point2d pPt,double dAng,double dDist)
{       return new Point2d(pPt. X + dDist * Math. Cos(dAng),
                          pPt. Y + dDist * Math. Sin(dAng));
}
[CommandMethod("PolarArrayObject")]
public static void PolarArrayObject()
{   //获取当前活动图形数据库
    Document acDoc = Application. DocumentManager. MdiActiveDocument;
    Database acCurDb = acDoc. Database;
    //开始事务处理
    using (Transaction acTrans = acCurDb. TransactionManager. StartTransaction())
    {   //以读方式打开块表
        BlockTable acBlkTbl;
        acBlkTbl = acTrans. GetObject(acCurDb. BlockTableId,
                                OpenMode. ForRead) as BlockTable;
        //以写方式打开模型空间块表
        BlockTableRecord acBlkTblRec;
```

```
acBlkTblRec = acTrans. GetObject(acBlkTbl[BlockTableRecord. ModelSpace],
                          OpenMode. ForWrite) as BlockTableRecord;
//以(2,2)为圆心,1 为半径创建一个圆
using (Circle acCirc = new Circle())
{    acCirc. Center = new Point3d(2,2,0);
     acCirc. Radius = 1;
     //增加对象到块表记录
     acBlkTblRec. AppendEntity(acCirc);
     acTrans. AddNewlyCreatedDBObject(acCirc,true);
     //阵列对象的数目为 4,阵列角度为 180°
     int nCount = 1;
     //保存角度 60°的值
     double dAng = 1.0472;
     //阵列的基点为 (4,4,0)
     Point2d acPt2dArrayBase = new Point2d(4,4);
     while (nCount < 4)    //每次循环阵列一个对象
     {
          Entity acEntClone = acCirc. Clone() as Entity;
          Extents3d acExts;
          Point2d acPtObjBase;
          Circle acCircArrObj = acEntClone as Circle;
          if (acCircArrObj ! = null)
          {    acPtObjBase = new Point2d(acCircArrObj. Center. X,
                                    acCircArrObj. Center. Y);
          }
          else
          {
               acExts = acEntClone. Bounds. GetValueOrDefault();
               acPtObjBase = new Point2d(acExts. MinPoint. X,
                                    acExts. MaxPoint. Y);
          }
          double dDist = acPt2dArrayBase. GetDistanceTo(acPtObjBase);
     double dAngFromX = acPt2dArrayBase. GetVectorTo(acPtObjBase). Angle;
          Point2d acPt2dTo = PolarPoints(acPt2dArrayBase,
               (nCount * dAng) + dAngFromX,dDist);
          Vector2d acVec2d = acPtObjBase. GetVectorTo(acPt2dTo);
          Vector3d acVec3d = new Vector3d(acVec2d. X,acVec2d. Y,0);
          acEntClone. TransformBy(Matrix3d. Displacement(acVec3d));
          acBlkTblRec. AppendEntity(acEntClone);
          acTrans. AddNewlyCreatedDBObject(acEntClone,true);
          nCount = nCount + 1;
     }
```

```
        }
        //提交事务
        acTrans. Commit( );
    }
}
```

矩形阵列：按指定的行和列进行阵列，阵列对象的距离由指定的行距和列距来确定。首先根据要阵列对象的行数或列数，完成一行或一列的阵列，创建第一行或列之后，可以根据创建的第一行或列，创建其余行或列对象。创建阵列的每个副本后，需要将其附加到块表记录中。

5.5 设置 AutoCAD 环境

图层就像是透明的覆盖层一样，运用它可以对不同类型的图形信息进行组织和分组。创建的对象有以下属性：图层、颜色和线型。颜色属性有助于区分图形中相似的元素，线型则可以轻易地区分不同的绘图元素，如中心线或隐藏线。对图层和图层上的对象的组织使得管理图形信息变得非常容易。

5.5.1 使用图层

任何图形对象都是绘制在图层上的。该图层可能是默认图层，或者是用户创建和命名的图层。每个图层都有与其相关联的颜色、线型、线宽和打印样式。例如，可以创建一个用于绘制中心线的图层，并为该图层指定中心线需具备的特性（如颜色、线型和线宽）。在绘制中心线时可切换到中心线图层开始绘图，而无需在每次绘制中心线时去设置线型、线宽和颜色。

1. 创建图层

用户可以创建新的图层并给它定义颜色和线型属性。每个单独的层是图层表的一部分。使用 Add 函数可以创建一个新图层，并将其添加到图层表中。当创建一个层时可为它命名。如果一个图层创建之后要修改图层名，需要使用图层的 name 属性。图层名最多可以包含 255 个字符，包括字母、数字和特殊字符，如 $、一和_等，但不包括空格。

下面的实例是创建一个圆和一个新的图层。新创建的图层定义为红色，而圆位于该图层上，所以圆的颜色也会相应地发生变化。

```
[CommandMethod("CreateAndAssignALayer")]
public static void CreateAndAssignALayer()
{   //获取当前活动图形数据库
    Document acDoc = Application. DocumentManager. MdiActiveDocument;
    Database acCurDb = acDoc. Database;
    //开始事务处理
    using (Transaction acTrans = acCurDb. TransactionManager. StartTransaction())
    {   //以读方式打开图层表
        LayerTable acLyrTbl;
        acLyrTbl = acTrans. GetObject(acCurDb. LayerTableId,
```

```
                                                    OpenMode. ForRead) as LayerTable;
            string sLayerName = "Center";
            if (acLyrTbl. Has(sLayerName) == false)
            {
                using (LayerTableRecord acLyrTblRec = new LayerTableRecord())
                {   //设置图层的颜色为红色,图层名为"Center"
                    acLyrTblRec. Color = Color. FromColorIndex(ColorMethod. ByAci,1);
                    acLyrTblRec. Name = sLayerName;
                    //为写入升级图层表
                    acLyrTbl. UpgradeOpen();
                    //将新的图层添加到图层表
                    acLyrTbl. Add(acLyrTblRec);
                    acTrans. AddNewlyCreatedDBObject(acLyrTblRec,true);
                }
            }
            //以读方式打开块表
            BlockTable acBlkTbl;
            acBlkTbl = acTrans. GetObject(acCurDb. BlockTableId,
                                        OpenMode. ForRead) as BlockTable;
            //以写方式打开模型空间块表
            BlockTableRecord acBlkTblRec;
            acBlkTblRec = acTrans. GetObject(acBlkTbl[BlockTableRecord. ModelSpace],
                                OpenMode. ForWrite) as BlockTableRecord;
            //创建圆对象
            using (Circle acCirc = new Circle())
            {   acCirc. Center = new Point3d(2,2,0);
                acCirc. Radius = 1;
                acCirc. Layer = sLayerName;
                acBlkTblRec. AppendEntity(acCirc);
                acTrans. AddNewlyCreatedDBObject(acCirc,true);
            }
            acTrans. Commit();
        }
    }
```

2. 设置当前图层

绘图操作总是在当前图层上进行的。如果将某一图层设置为当前图层,则以后创建的对象都将在新的当前图层上面,并且颜色、线型、线宽等都使用该图层。注意:如果某一图层是冻结的,则该图层不能设置为当前图层。

设置当前图层的示例如下:

```
[CommandMethod("SetLayerCurrent")]
public static void SetLayerCurrent()
```

```
{   //获取当前活动图形数据库
    Document acDoc = Application. DocumentManager. MdiActiveDocument;
    Database acCurDb = acDoc. Database;
    //开始事务处理
    using (Transaction acTrans = acCurDb. TransactionManager. StartTransaction())
    {   //以读方式打开图层块表
        LayerTable acLyrTbl;
        acLyrTbl = acTrans. GetObject(acCurDb. LayerTableId,
                                        OpenMode. ForRead) as LayerTable;
        string sLayerName = "Center";
        if (acLyrTbl. Has(sLayerName) == true)
        {   //设置当前图层
            acCurDb. Clayer = acLyrTbl[sLayerName];
            acTrans. Commit();
        }   //销毁事务处理
    }
}
```

3. 开关图层

关闭的图层可以与图形一起重新生成，但不显示或绘出图形。当可见图层和非可见图层间频繁转换时，关闭图层会比冻结图层更好一些。关闭图层可以避免在每一次解冻图层时都重生成图形。当把关闭的图层打开时，AutoCAD 将重画该图层上的对象。

要打开和关闭图层，使用 LayerTableRecord 对象上的 IsOff 属性。如果输入值为 TRUE 到该属性中，该图层将打开，如果输入值为 FALSE 到属性，则该图层将关闭。

4. 冻结与解冻图层

冻结图层可以加速显示的变化，可以方便选择对象，对于复杂图形可以减少重新生成的次数。AutoCAD 对于冻结图层上的对象不显示、不绘出、不重新生成。如果想让一个图层长时间不可见就可以把它冻结。当解冻一个图层时，AutoCAD 将重新生成并显示该图层上的对象。

要冻结或解冻图层，使用 IsFrozen 属性。如果该属性的值为 TRUE，则图层冻结。如果该属性的值为 FALSE，则图层解冻。

5. 锁定与解锁图层

如果用户要编辑特定图层上的对象，同时又要查看但不编辑其他图层对象，那么可以锁定图层。被锁定图层上的对象不能被编辑或选择，然而，如果该图层处于打开状态并且没有冻结，上面的对象仍是可见的。

要锁定或解锁图层，使用 IsLocked 属性。如果该属性的输入值为 TRUE，则图层将被锁定。如果输入值为 FALSE，则图层将被解锁。锁定图层的实例如下：

```
[CommandMethod("LockLayer")]
public static void LockLayer()
{   //获取当前活动图形数据库
```

```
Document acDoc = Application. DocumentManager. MdiActiveDocument;
Database acCurDb = acDoc. Database;
//开始事务处理
using (Transaction acTrans = acCurDb. TransactionManager. StartTransaction())
{    //以读方式打开图层表
     LayerTable acLyrTbl;
     acLyrTbl = acTrans. GetObject(acCurDb. LayerTableId,
                                   OpenMode. ForRead) as LayerTable;
     string sLayerName = "ABC";
     if (acLyrTbl. Has(sLayerName) == false)
     {
         using (LayerTableRecord acLyrTblRec = new LayerTableRecord())
         {    //给图层名赋值
              acLyrTblRec. Name = sLayerName;
              //以写方式升级图层表
              acLyrTbl. UpgradeOpen();
              //向图层表添加新的图层
              acLyrTbl. Add(acLyrTblRec);
              acTrans. AddNewlyCreatedDBObject(acLyrTblRec,true);


              //锁定图层
              acLyrTblRec. IsLocked = true;
         }
     }
     else
     {
         LayerTableRecord acLyrTblRec = acTrans. GetObject(acLyrTbl[sLayerName],
                                   OpenMode. ForWrite) as LayerTableRecord;
         //锁定图层
         acLyrTblRec. IsLocked = true;
     }
     //保存图层改变并销毁事务处理
     acTrans. Commit();
}
}
```

5.5.2　使用颜色

可以使用绘图中的颜色或颜色索引属性为单个对象指定颜色。ColorIndex 属性可以接受 AutoCAD 颜色索引（ACI）为 0～256 的数值。颜色属性用于将 ACI 数、真彩色或颜色数颜色分配给对象。要改变颜色属性的值，可以使用颜色命名空间下的颜色对象。

颜色对象有一个 SetRGB 方法，允许用户从红色、绿色和蓝色几百万种颜色的组合中选择。颜色对象还包含指定颜色名称、颜色索引和颜色值等方法和属性。

可以给图层分配颜色。如果使一个对象继承它所在层的颜色，可以将对象的颜色设置为ByLayer，将其 ACI 值设置为 256。可以有任意数量的对象和图层使用相同的颜色编号。

```
[CommandMethod("SetObjectColor")]
public static void SetObjectColor()
{
    //获取当前活动图形数据库
    Document acDoc = Application. DocumentManager. MdiActiveDocument;
    Database acCurDb = acDoc. Database;
    //开始事务处理
    using (Transaction acTrans = acCurDb. TransactionManager. StartTransaction())
    {
        //为图层定义颜色数组
        Color[] acColors = new Color[3];
        acColors[0] = Color. FromColorIndex(ColorMethod. ByAci,1);
        acColors[1] = Color. FromRgb(23,54,232);
        //以读方式打开块表
        BlockTable acBlkTbl;
        acBlkTbl = acTrans. GetObject(acCurDb. BlockTableId,
                                    OpenMode. ForRead) as BlockTable;
        //以写方式打开模型空间块表
        BlockTableRecord acBlkTblRec;
        acBlkTblRec = acTrans. GetObject(acBlkTbl[BlockTableRecord. ModelSpace],
                                    OpenMode. ForWrite) as BlockTableRecord;
        //创建一个圆对象,将其的 ACI 的值赋为 4
        Point3d acPt = new Point3d(0,3,0);
        using (Circle acCirc = new Circle())
        {
            acCirc. Center = acPt;
            acCirc. Radius = 1;
            acCirc. ColorIndex = 4;
            acBlkTblRec. AppendEntity(acCirc);
            acTrans. AddNewlyCreatedDBObject(acCirc,true);
            int nCnt = 0;
            while (nCnt < 2)
            {
                //创建一个圆对象的副本
                Circle acCircCopy;
                acCircCopy = acCirc. Clone() as Circle;
                //沿 Y 轴移动副本
                acPt = new Point3d(acPt. X,acPt. Y + 3,acPt. Z);
                acCircCopy. Center = acPt;
```

```
                        //给圆赋以颜色
                        acCircCopy. Color = acColors[nCnt];
                        acBlkTblRec. AppendEntity(acCircCopy);
                        acTrans. AddNewlyCreatedDBObject(acCircCopy,true);
                        nCnt = nCnt + 1;
                    }
                }
                //保存更改并销毁事务处理
                acTrans. Commit();
            }
        }
```

5.5.3　使用线型

线型是点、横线和空格按一定规律重复出现形成的图案。复杂线型是符号的一种重复形式。线型名及其定义描述了一定的点划序列、横线和空格的相对长度，以及任何包含文字的特性。用户可以创建自定义线型。

要使用线型，必须首先将其加载到图形中。在将线型加载到图形中之前，线型定义必须已存在于 LIN 库文件中。加载线型使用数据库对象的 LoadLineTypeFile 方法。为图形对象加载线型示例如下：

```
[CommandMethod("SetObjectLinetype")]
public static void SetObjectLinetype()
{    //获取当前活动图形数据库
    Document acDoc = Application. DocumentManager. MdiActiveDocument;
    Database acCurDb = acDoc. Database;
    //开始事务处理
    using (Transaction acTrans = acCurDb. TransactionManager. StartTransaction())
    {    //以读方式打开线型表
        LinetypeTable acLineTypTbl;
        acLineTypTbl = acTrans. GetObject(acCurDb. LinetypeTableId,
                                          OpenMode. ForRead) as LinetypeTable;
        string sLineTypName = "Center";
        if (acLineTypTbl. Has(sLineTypName) == false)
        {
            acCurDb. LoadLineTypeFile(sLineTypName,"acad. lin");
        }
        //以读方式打开块表
        BlockTable acBlkTbl;
        acBlkTbl = acTrans. GetObject(acCurDb. BlockTableId,
                                      OpenMode. ForRead) as BlockTable;
        //以写方式打开模型空间块表
        BlockTableRecord acBlkTblRec;
```

```
acBlkTblRec = acTrans.GetObject(acBlkTbl[BlockTableRecord.ModelSpace],
                                OpenMode.ForWrite) as BlockTableRecord;
//创建圆对象
using (Circle acCirc = new Circle())
{
    acCirc.Center = new Point3d(10,10,0);
    acCirc.Radius = 15;
    acCirc.Linetype = sLineTypName;
    acBlkTblRec.AppendEntity(acCirc);
    acTrans.AddNewlyCreatedDBObject(acCirc,true);
}
//保存更改并销毁事务处理
acTrans.Commit();
}
}
```

5.5.4 给图形添加文本

在第 3 章中介绍过文字样式设置、给图形添加单行文本与多行文本。下面简单介绍在 .NET 二次开发中文字样式设置与添加文本。

1. 文字样式设置

AutoCAD 图形中的所有文字都有与之相关联的文字样式。当输入文字时，AutoCAD 使用当前的文字样式，该样式设置字体、字号、角度、方向和其他文字特性。

新文本继承了当前文本样式的高度、宽度、倾斜角度和字体等属性。要创建文本样式，即创建一个 TextStyleTableRecord 对象的实例，使用 name 属性为新的文本样式命名。然后以写方式打开 TextStyleTable 对象，并使用 Add 方法将添加建新的文本样式。

样式名称可以包含字母、数字和特殊字符，包括美元符号"＄"、下划线"＿"和连字符"－"等。如果用户不输入样式名，则新样式将没有名称。

可以通过修改 TextStyleTableRecord 对象的属性来修改现有的样式。使用以下属性可修改 TextStyleTableRecord 对象：

BigFontFileName：指定用于非 ASCII 字符集的特殊形定义文件，如中文。

FileName：指定关联字体（字符样式）的文件。

FlagBits：指定反向文字、倒置文字或两者。

Font：指定文本样式的字体、粗体、斜体、字符集等的设置。

IsVertical：指定垂直或水平文本。

ObliquingAngle：指定字符的倾斜度。

TextSize：指定字符的高度。

XScale：指定字符的扩展或压缩。

如果更改现存样式的字体或方向，所有应用该样式的文字也将更改为使用新的字体或方向。更改文字的高度、宽度因子和倾斜角度不会更改现存文字，但它会更改随后创建的文字对象。

注意：必须调用 Regen 或 Update 方法以看到对以上属性的更改。

如下实例是设置字体：

```
[CommandMethod("UpdateTextFont")]
 public static void UpdateTextFont()
{
       //获取当前活动图形数据库
       Document acDoc = Application. DocumentManager. MdiActiveDocument;
       Database acCurDb = acDoc. Database;
       //开始事务处理
       using (Transaction acTrans = acCurDb. TransactionManager. StartTransaction())
       {
            //以写方式打开当前的文本样式
            TextStyleTableRecord acTextStyleTblRec;
            acTextStyleTblRec = acTrans. GetObject(acCurDb. Textstyle,
                                     OpenMode. ForWrite) as TextStyleTableRecord;
            //获取当前字体设置
            Autodesk. AutoCAD. GraphicsInterface. FontDescriptor acFont;
            acFont = acTextStyleTblRec. Font;
            //使用"PlayBill"更新文本样式的字体
            Autodesk. AutoCAD. GraphicsInterface. FontDescriptor acNewFont;
            acNewFont = new
            Autodesk. AutoCAD. GraphicsInterface. FontDescriptor("PlayBill",
                                                 acFont. Bold,
                                                 acFont. Italic,
                                                 acFont. CharacterSet,
                                                 acFont. PitchAndFamily);
            acTextStyleTblRec. Font = acNewFont;
            acDoc. Editor. Regen();
            //保存更改并销毁事务处理
            acTrans. Commit();
       }
 }
```

2. 创建单行文本

当使用单行文本时，每一行文本都是一个不同的对象。要创建单行文本对象，首先要创建 DBText 对象的实例，然后将其添加到表示模型或图纸空间的块表记录中。在创建 DBText 对象的新实例时，不向构造函数传递任何参数。

如下实例是创建单行文本：

```
[CommandMethod("CreateText")]
 public static void CreateText()
{
```

```
//获取当前活动图形数据库
Document acDoc = Application. DocumentManager. MdiActiveDocument；
Database acCurDb = acDoc. Database；
//开始事务处理
using（Transaction acTrans = acCurDb. TransactionManager. StartTransaction()）
{
    //以读方式打开块表
    BlockTable acBlkTbl；
    acBlkTbl = acTrans. GetObject(acCurDb. BlockTableId，
                            OpenMode. ForRead) as BlockTable；
    //以写方式打开模型空间块表
    BlockTableRecord acBlkTblRec；
    acBlkTblRec = acTrans. GetObject(acBlkTbl[BlockTableRecord. ModelSpace]，
                            OpenMode. ForWrite) as BlockTableRecord；
    //创建单行文本对象
    using（DBText acText = new DBText()）
    {
        acText. Position = new Point3d(2,2,0)；
        acText. Height = 0. 5；
        acText. TextString = "Hello，World. "；
        acBlkTblRec. AppendEntity(acText)；
        acTrans. AddNewlyCreatedDBObject(acText,true)；
    }
    //保存更改并销毁事务处理
    acTrans. Commit()；
}
}
```

5.6 创 建 标 注

在第 3 章介绍了尺寸标注的概念、尺寸标注样式设置及常用尺寸标注，下面介绍用 .NET 二次开发的尺寸标注方法。

5.6.1 创建线性标注

线性标注包括对齐标注和旋转标注。对齐标注是指尺寸线与尺寸界线的起点所在的直线平行。旋转标注是指尺寸线与尺寸界线起点所在的直线形成一个角度。

可以通过创建 AlignedDimension 和 RotatedDimension 对象的实例来创建线性标注，在创建一个线性标注的实例后，可修改文字、文字的角度或尺寸线的角度。如图 5.10 所示中表明线性标注的类型和尺寸

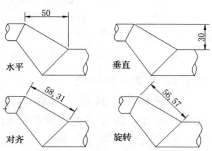

图 5.10 不同类型的线性标注

界线的位置会影响标注和文字的角度。

当创建一个对齐标注时，可以指定尺寸界线的起点、尺寸线的位置、标注文字及应用的标注样式。如果不传递任何参数给 AlignedDimension 对象构造函数时，则用一组默认属性值赋给对象。下面是创建旋转标注的实例：

```
[CommandMethod("CreateRotatedDimension")]
public static void CreateRotatedDimension()
{   //获取当前数据库
    Document acDoc = Application. DocumentManager. MdiActiveDocument;
    Database acCurDb = acDoc. Database;
    //开始事务处理
    using (Transaction acTrans = acCurDb. TransactionManager. StartTransaction())
    {   //以读方式打开块表
        BlockTable acBlkTbl;
        acBlkTbl = acTrans. GetObject(acCurDb. BlockTableId,
                                    OpenMode. ForRead) as BlockTable;
        //以写方式打开模型空间块表
        BlockTableRecord acBlkTblRec;
        acBlkTblRec = acTrans. GetObject(acBlkTbl[BlockTableRecord. ModelSpace],
                                    OpenMode. ForWrite) as BlockTableRecord;
        //创建旋转标注
        using (RotatedDimension acRotDim = new RotatedDimension())
        {
            acRotDim. XLine1Point = new Point3d(0,0,0);
            acRotDim. XLine2Point = new Point3d(6,3,0);
            acRotDim. Rotation = Math. PI/4;
            acRotDim. DimLinePoint = new Point3d(0,5,0);
            acRotDim. DimensionStyle = acCurDb. Dimstyle;
            //将新对象添加到模型空间和事务处理
            acBlkTblRec. AppendEntity(acRotDim);
            acTrans. AddNewlyCreatedDBObject(acRotDim,true);
        }
        //保存更改并销毁事务处理
        acTrans. Commit();
    }
}
```

5.6.2　创建半径标注

半径标注是指标注圆弧和圆的半径和直径。通过 RadialDimension 和 DiametricDimension 对象的实例来创建半径和直径标注。

根据圆和圆弧的大小、标注文字的位置、DIMUPT、DIMTOFL、DIMFIT、DIMTIH、DIMTOH、DIMJUST 和 DIMTAD 尺寸标注系统变量的值，建立不同类型的半径标注。（系统变量可以通过 GetSystemVariable 和 SetSystemVariable 方法设置和查询。）

对于水平标注文字，如果尺寸线与水平线的角度超过 15°，而且标注在圆或圆弧的外侧时，AutoCAD 将绘制一条折向线，也称为导向线。该折向线有一个箭头长度，并且另一侧放置标注文字，如图 5.11 所示。

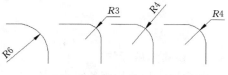

图 5.11 半径标注类型

创建 RadialDimension 对象的实例时，可以选择指定中心和圆弧上的点、引线的长度、标注文字和使用的标注样式。创建一个 DiameterDimension 对象与创建 RadialDimension 对象相似，但它指定的是圆或圆弧直径上两个点而不是圆心和圆上的点。

LeaderLength 属性指定了从 ChordPoint 点到标注文字的水平折线点的距离。半径标注的实例如下：

```
[CommandMethod("CreateRadialDimension")]
public static void CreateRadialDimension()
{
    //获取当前数据库
    Document acDoc = Application.DocumentManager.MdiActiveDocument;
    Database acCurDb = acDoc.Database;
    //开始事务处理
    using (Transaction acTrans = acCurDb.TransactionManager.StartTransaction())
    {   //以读方式打开块表
        BlockTable acBlkTbl;
        acBlkTbl = acTrans.GetObject(acCurDb.BlockTableId,
                                OpenMode.ForRead) as BlockTable;
        //以写方式打开模型空间块表
        BlockTableRecord acBlkTblRec;
        acBlkTblRec = acTrans.GetObject(acBlkTbl[BlockTableRecord.ModelSpace],
                                OpenMode.ForWrite) as BlockTableRecord;
        //创建半径标注
        using (RadialDimension acRadDim = new RadialDimension())
        {
            acRadDim.Center = new Point3d(0,0,0);
            acRadDim.ChordPoint = new Point3d(5,5,0);
            acRadDim.LeaderLength = 5;
            acRadDim.TextRotation = -0.707;
            acRadDim.DimensionStyle = acCurDb.Dimstyle;
            //将新对象添加到模型空间和事务处理
            acBlkTblRec.AppendEntity(acRadDim);
            acTrans.AddNewlyCreatedDBObject(acRadDim,true);
```

```
        }
        //保存更改并销毁事务处理
        acTrans. Commit();
    }
}
```

5.6.3　创建角度标注

角度标注是测量两条线或三个点之间的角度。例如，你可以用它来测量圆的两个半径之间的角度。尺寸线显示为圆弧。通过创建 LineAngularDimension2 或 Point3AngularDimension 对象的实例来创建角度标注。

LineAngularDimension2 表示由两条线定义的角度标注。

Point3AngularDimension 表示由 3 个点定义的角度标注。

角度标注示例如下：

```
[CommandMethod("CreateAngularDimension")]
public static void CreateAngularDimension()
{   //获取当前数据库
    Document acDoc = Application. DocumentManager. MdiActiveDocument;
    Database acCurDb = acDoc. Database;
    //开始事务处理
    using (Transaction acTrans = acCurDb. TransactionManager. StartTransaction())
    {
        //以读方式打开块表
        BlockTable acBlkTbl;
        acBlkTbl = acTrans. GetObject(acCurDb. BlockTableId,
                                        OpenMode. ForRead) as BlockTable;
        //以写方式打开模型空间块表
        BlockTableRecord acBlkTblRec;
        acBlkTblRec = acTrans. GetObject(acBlkTbl[BlockTableRecord. ModelSpace],
                                        OpenMode. ForWrite) as BlockTableRecord;
        //创建角度标注
        using (LineAngularDimension2 acLinAngDim = new LineAngularDimension2())
        {
            acLinAngDim. XLine1Start = new Point3d(0,20,0);
            acLinAngDim. XLine1End = new Point3d(40,50,0);
            acLinAngDim. XLine2Start = new Point3d(0,20,0);
            acLinAngDim. XLine2End = new Point3d(50,0,0);
            acLinAngDim. ArcPoint = new Point3d(40,25,0);
            acLinAngDim. DimensionStyle = acCurDb. Dimstyle;
            //将新对象添加到模型空间和事务处理
            acBlkTblRec. AppendEntity(acLinAngDim);
            acTrans. AddNewlyCreatedDBObject(acLinAngDim,true);
```

```
        }
        //保存更改并销毁事务处理
        acTrans. Commit();
    }
}
```

习　　题

1. 用 AutoCAD. NET 二次开发方法，建立如图 5.12 所示界面，编写输入相应参数的参数化绘图程序。

要求：对中心线、粗实线、虚线设置不同的线型、颜色和图层。

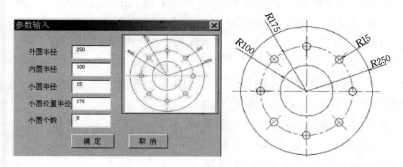

图 5.12　习题 1 图

2. 用 AutoCAD. NET 二次开发方法设计输入界面，定义绘制平键外形轮廓线和中心线，插入点 p、键宽度 b、键长度 L、旋转角 alf 是交互输入的参数，对中心线、粗实线、虚线设置不同的线型、颜色和图层。

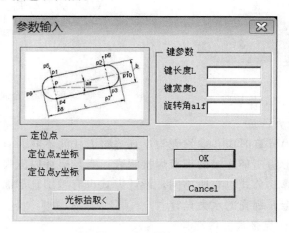

图 5.13　习题 2 图

第6章 水电工程 AutoCAD 二次开发实例

6.1 概　述

在水电站初步设计阶段拟定厂房布置方案时，金属蜗壳的水力计算往往需要反复进行多次，加之蜗壳与座环连接方式的不同，计算公式也有所不同，使金属蜗壳的水力计算非常烦琐，同时还要绘制单线图，因此工作量较大。采用 AutoCAD. NET 二次开发的方法，使蜗壳的水力计算和图形绘制有机地结合起来，减少设计人员的重复工作。下面以金属蜗壳的水力计算和单线图绘制为例介绍 AutoCAD. NET 二次开发。

6.1.1 金属蜗壳简介

金属蜗壳三维造型和蜗壳平面图如图 6.1、图 6.2 所示，图 6.2 中垂直于压力钢管轴线的 1—1 断面为进口断面。蜗壳自鼻端至进口端面所包围的角度称为蜗壳的包角 φ_0，金属蜗壳的包角 $\varphi_0 = 340° \sim 350°$。金属蜗壳的断面形状为圆形，断面面积及半径随着进口到尾部（鼻端）流量的减少而减小。在最后 90°的尾部，由于圆面积小到不能和碟形边连接，因此这部分断面形状由圆形过渡到椭圆形。

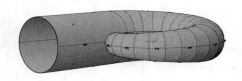

图 6.1　金属蜗壳的三维造型

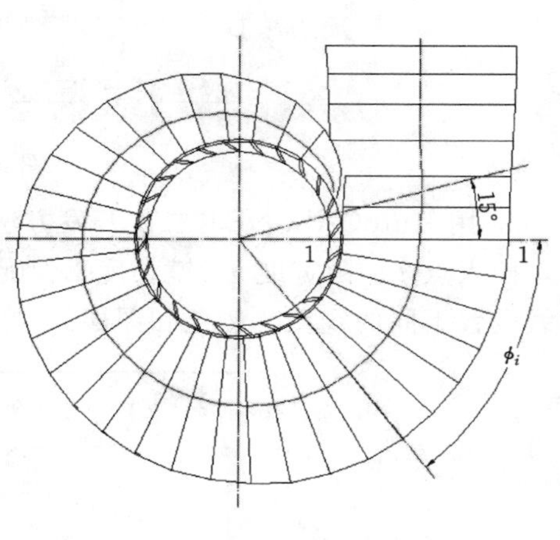

图 6.2　金属蜗壳平面图

6.1.2 金属蜗壳的水力计算

进行金属蜗壳水力计算时应考虑蜗壳与座环连接方式的不同。有与座环碟形边相接的金属蜗壳；有与无碟形边座环连接的钢板焊接蜗壳；有与座环以圆弧相切的铸造蜗壳。由于连接方式不同，计算的公式也有所不同，设计方式也有差别。下面讨论应用较为广泛的座环与碟形边相接的金属蜗壳的水力设计。

1. 蜗壳参数与断面连接尺寸的选择

（1）根据手册中金属蜗壳的流速系数与水头的关系曲线选择蜗壳流速系数 K。

（2）确定蜗壳包角 φ_0。

（3）与座环连接的几何尺寸由座环设计给定（可通过手册查出相应参数），如图 6.3 所示。

2. 进口断面的计算

进口断面流量
$$Q_0 = \frac{\varphi_0}{360} Q \, (\text{m}^3/\text{s}) \tag{6.1}$$

在图 6.3 中，r_a 为固定导叶外切圆半径；r_0 为座环碟形边半径；h 为碟形边与导水机构水平中心线高度；α 为碟形边锥角，一般取 $55°$；R_0 为碟形边与锥角顶点所在的半径。

进口断面的流速：
$$v_0 = K \sqrt{H} \, (\text{m}^3/\text{s}) \tag{6.2}$$

进口断面面积：
$$F_0 = \frac{Q_0}{v_0} = \pi \rho_0^2 \, (\text{m}^2) \tag{6.3}$$

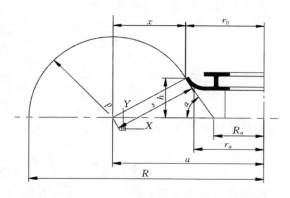

图 6.3　与座环碟形边相接的金属蜗壳圆形断面

进口断面半径：
$$\rho_0 = \sqrt{\frac{F_0}{\pi}} \, (\text{m}) \tag{6.4}$$

进口断面中心距：
$$a_0 = r_0 + \sqrt{\rho_0^2 - h^2} \, (\text{m}) \tag{6.5}$$

进口断面外径：
$$R_0 = a_0 + \rho_0 \tag{6.6}$$

由进口断面尺寸，可以求出蜗壳系数 C 和蜗壳常数 K：
$$C = \frac{\varphi_0}{a_0 - \sqrt{a_0^2 - \rho_0^2}} \tag{6.7}$$

$$K = \frac{QC}{720\pi} \tag{6.8}$$

3. 圆形断面计算

由图 6.3 的几何关系可得出计算圆形断面的公式。
$$x_i = \frac{\varphi_i}{C} + \sqrt{2r_0 \frac{\varphi_i}{C} - h^2} \tag{6.9}$$

$$\rho_i = \sqrt{x_i^2 + h^2} \tag{6.10}$$

$$a_i = r_0 + x_i \tag{6.11}$$

$$R_i = a_i + \rho_i \tag{6.12}$$

4. 椭圆形断面的计算

当计算圆形断面的半径 $\rho < s$ 时，蜗壳的圆形断面无法与碟形边相连接，须由圆形断面过渡到椭圆断面。其原则是求出圆形断面面积，然后将它转换为等面积的椭圆形断面。由图 6.4 的几何关系可得到如下计算公式。

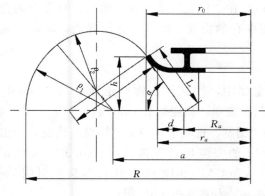

图 6.4　与碟形边相连金属蜗壳椭圆形断面

169

椭圆的短轴半径：

$$\rho_2 = \sqrt{1.045A + 0.81L^2} - 1.345L \qquad (6.13)$$

A 为与椭圆等面积的圆的面积：

$$A = \pi\rho^2 + d^2\tan\alpha \qquad (6.14)$$

$$\rho = \frac{\varphi_i}{C}\left(\sqrt{\cot^2\alpha + \frac{2R_a}{\varphi_i/C}} + \frac{1}{\sin\alpha}\right) \qquad (6.15)$$

$$d = r_a - R_a \qquad (6.16)$$

椭圆形断面长半径：

$$\rho_1 = L + \rho_2 - \rho_2\cot\alpha \qquad (6.17)$$

$$L = \frac{h}{\sin\alpha} \qquad (6.18)$$

椭圆断面的中心距：

$$a = R_a + 1.22\rho_2 \qquad (6.19)$$

椭圆断面的外径：

$$R = a + \rho_1 \qquad (6.20)$$

通过进口断面、圆形断面和椭圆形断面的计算就可以得到相应参数，然后就可以绘制蜗壳的断面图和平面图。

6.2　金属蜗壳参数计算程序设计

金属蜗壳的.NET 二次开发程序设计包括金属蜗壳参数的计算、断面图绘制、平面图的绘制。在蜗壳参数计算时，首先要输入基本参数（包括设计水头、设计流量、转轮直径及导叶相对高度），然后按第 2 章介绍的方法对座环和流速系数等数据进行处理，最后按 6.1 节方法计算出金属蜗壳的进口断面、圆形断面及椭圆形断面参数。

6.2.1　参数输入界面设计

1. 新建项目

启动 Visual Studio 2013，在起始页中，用鼠标单击"开始"中的"新建项目"，弹出"新建项目"对话框，在项目类型中选择"Visual C♯"，在模板列表中选择"类库"，在"名称"文本框中输入项目的名称（Spiral_case），在"位置"文本框中输入项目保存的位置，也可以通过右边的"浏览"按钮选择你要保存的位置，完成上述设置后，单击"确定"按钮。

2. 添加程序集的引用

程序集也称为组件，在项目解决方案浏览器中，用鼠标右键单击项目名"Spiral_case"下的"引用"节点，然后选择"添加引用"菜单，如图 6.5（a）所示。

在弹出的"引用管理器"对话框中，选择"浏览"选项卡，单击"浏览"按钮，弹出"要选择引用文件"对话框，在 AutoCAD 2016 的安装目录下选择 acmgd.dll、acdbmdg.dll 和 accoremgd.dll 这 3 个文件（如果是 AutoCAD 2012 或更低版本只要引用 acmgd.dll 和 acdbmdg.dll），然后单击"确定"按钮，如图 6.5（b）所示。

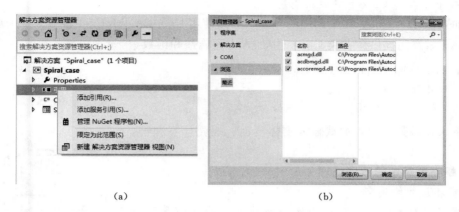

（a）   （b）

图 6.5 添加引用（acmgd. dll、acdbmdg. dll 和 accoremgd. dll）

3. 项目中添加窗体

在主菜单"项目→添加 Windows 窗体"，然后在窗体上添加框架、标签、文本框、按钮、页框等控件，并对其属性进行设置。参数输入输出界面如图 6.6 所示。

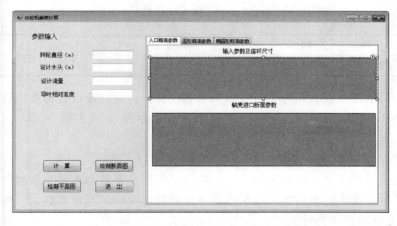

图 6.6 蜗壳参数输入及结果输出界面

4. 在所生成项目的 Class1. cs 文件中导入命名空间

在 Class1 类的声明语句（位于 Class1. cs 文件的顶部）之前，导入 Application-Service、DatabaseServices 、EditorInput、Geometry 、Runtime 的命名空间，代码如下：

using System. Data. OleDb；

using Autodesk. AutoCAD. ApplicationServices；

using Autodesk. AutoCAD. DatabaseServices；

using Autodesk. AutoCAD. EditorInput

using Autodesk. AutoCAD. Geometry；

using Autodesk. AutoCAD. Runtime；

5. 接下来在类 Class1 中加入命令

要加入能在 AutoCAD 中调用的命令，必须使用 CommandMethod 属性。这个属性由 Runtime 命名空间提供。在类 Class1 中加入下列属性和函数。

［CommandMethod("Spiralcase")］

public void Spiralcase（）

　　｛ ｝

接下来在函数中加入加载输入窗体界面、蜗壳计算和绘图程序。

6.2.2　蜗壳计算中的数据处理

1. 座环尺寸的确定

在蜗壳水力计算时先要选择座环及碟形边的几何参数，座环的尺寸如图 6.7 所示。根据相关的设计手册，座环与碟形边的数表是不规范的二维表。按照第 2 章介绍的工程数据的处理方法及数据库设计要求，将不规范二维表转化为规范的二维表，座环和碟形边参数可转化为规范的二维表，见表 6.1。

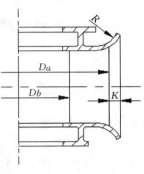

图 6.7　座环尺寸

表 6.1　座环尺寸关系表

$D1$（转轮直径）	$Da1$	$Da2$	$Db1$	$Db2$	$Db3$	$Db4$	R	K

将上述二维表存放在数据库中，在蜗壳参数计算时，可以通过转轮直径查找到相应的座环参数（$Da1$、$Da2$、$Db1$、$Db2$ 等），再根据设计水头进一步确定 Da、Db、R 和 K 的值。

2. 蜗壳进口断面的流速系数

把《水轮机设计手册》中有关蜗壳进口断面平均流速系数和水头关系的曲线离散化并且存放在数组中。由水轮机的工作水头根据一元插值法可计算流速系数。

6.2.3　蜗壳各断面的水力计算

蜗壳断面水力计算包括进口断面计算、圆形断面计算和椭圆断面计算三部分。各部分的计算可根据 6.1 节的公式，程序设计较为简单，在确定了蜗壳包角 φ_0 后，每间隔 $5°\sim 10°$ 取一个计算断面，逐个断面进行计算，并以 $\rho>s$ 及 $\rho<s$ 作为条件，判断是椭圆断面还是圆形断面。不同的断面使程序进行不同的计算，计算所得的断面参数输出在窗体中，并用数组形式存放，为下面的绘图做准备。

6.3　金属蜗壳图形绘制程序设计

蜗壳的水力设计一般都要求绘制蜗壳单线图，包括蜗壳断面图以及蜗壳平面图，可采用基本图形绘制方法绘制，下面介绍用 AutoCAD. NET 二次开发进行图形参数的计算和图形绘制。

1. 圆形断面的绘制

蜗壳的圆形断面如图 6.8 所示，是由直线和圆弧两种图元构成。直线部分是表示座环的 L_1、L_2、L_3 和 L_4，圆弧部分包括表示蜗壳断面的圆弧 C_1 及表示碟形边的圆弧 C_2 和 C_3，在绘图程序设计中，通过创建 Line 和 Arc 对象生成相应的直线和圆弧。按图 6.8 所示的坐标系，可分别计算出绘图所需参数。

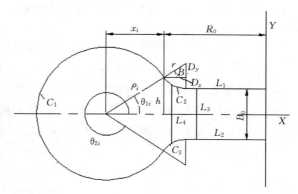

图 6.8　蜗壳圆形断面

（1）圆弧 C_1 绘图参数的计算：在图 6.8 中圆弧 C_1 的圆心坐标为 $(-a_i,$ $0)$，半径为 ρ_i，i 为计算断面序号，这些参数在蜗壳水力计算中已算出。圆弧的起始角为 θ_{1i}，终止角为 θ_{2i}，根据图中的几何关系，θ_{1i} 和 θ_{2i} 分别为：

$$\theta_{1i} = \arctan(h/x_i) \tag{6.21}$$
$$\theta_{2i} = 2\pi - \theta_{1i} \tag{6.22}$$

（2）圆弧 C_2 和 C_3 绘图参数计算：圆弧 C_2 为碟形边的圆弧，其半径在选择碟形边参数时已经确定，根据图 6.8 可以求出其圆心坐标 (x_i, y_i)，圆弧的起始角 θ_1 和终止角 θ_2，计算方法如下：

$$D_x = \sqrt{r^2 - (r + B_0/2 - h)^2} \tag{6.23}$$
$$D_y = r + B_0/2 - h \tag{6.24}$$
$$x_i = -(R_0 - D_x) \tag{6.25}$$
$$y_i = B_0/2 + r \tag{6.26}$$
$$\beta = \arctan(D_y/D_x) \tag{6.27}$$
$$\theta_1 = \pi + \beta \tag{6.28}$$
$$\theta_2 = 3\pi/2 \tag{6.29}$$

圆弧 C_3 与圆弧 C_2 对称，可由圆弧 C_2 的参数求出或用镜像方法绘制图形，根据求出的参数，就可以绘制出相应的曲线。

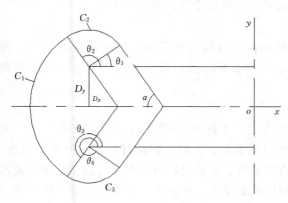

图 6.9　蜗壳椭圆形断面

（3）直线部分绘图参数的计算：根据座环的尺寸容易算出直线 $L_1 \sim L_4$ 起始点和终止点的坐标，用 .NET 的二次开发的 Line 对象就可以绘制相应直线。

2. 椭圆形断面的绘制

椭圆断面的几何关系如图 6.9 所示，按照椭圆断面的绘图方法，椭圆断面轮廓线由大圆弧 C_1 与小圆弧 C_2、C_3 连接而成。

（1）圆弧 C_1 的绘图参数计算：在图 6.9 中，圆弧 C_1 的圆心 (x_{1i}, y_{2i}) 为

$(-a_i，0)$，半径为 ρ_{1i}，这些参数都已在椭圆断面水力计算中求出。圆弧 C_1 的起始角 θ_1 和终止角 θ_2 为

$$\theta_1 = \pi - \alpha \tag{6.30}$$

$$\theta_2 = \pi + \alpha \qquad (\alpha \text{ 一般取 } 55°) \tag{6.31}$$

（2）圆弧 C_2 和 C_3 绘图参数计算：圆弧 C_2 和 C_3 的半径为 ρ_{2i}，已在断面水力计算中求出。圆弧 C_1 和 C_2 的起始角 θ_1 和终止角 θ_2 是已知的，其中 $\theta_1 = \pi/2 - \alpha$，$\theta_2 = \pi/2 + \alpha$。根据图 6.9 可以求出各断面的圆弧 C_2 圆心坐标 $(x_{2i}，y_{2i})$，计算过程如下：

$$D_x = (\rho_{1i} - \rho_{2i})\cos\alpha \tag{6.32}$$

$$D_y = (\rho_{1i} - \rho_{2i})\sin\alpha \tag{6.33}$$

$$x_{2i} = x_{1i} - D_x \tag{6.34}$$

$$y_{2i} = y_{1i} + D_y \tag{6.35}$$

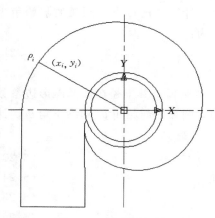

圆弧 C_3 与圆弧 C_2 关于 X 轴对称，可以求出相应参数或用镜像方法绘制图形。根据上述求出的圆弧的参数，可用 .NET 二次开发的圆弧绘制方法绘制其图形。

3. 蜗壳平面图的绘制

蜗壳平面图主要可表示蜗壳平面轮廓尺寸。蜗壳平面图如图 6.10 所示，由座环的两个同心圆与蜗壳平面图外轮廓线所构成，两个同心圆是座环支柱所在圆环的内、外径，根据选择的座环参数已经确定。因此，只要求出外轮廓线上各点坐标 $(x_i，y_i)$，就可以绘制出蜗壳平面图。

图 6.10　蜗壳平面图

在蜗壳各断面水力计算时，外轮廓最大半径与角度 φ 之间的关系 $R_i = f(\varphi_i)$ 已经求出。为了方便绘图，在此将极坐标转换为直角坐标，外轮廓上某点坐标 $(x_i，y_i)$ 的值为

$$x_i = R_i \cos\varphi_i \tag{6.36}$$

$$y_i = R_i \sin\varphi_i \tag{6.37}$$

根据上述参数，用 .NET 的二次开发就可以方便地绘制出蜗壳平面图。

4. 蜗壳主要尺寸的标注

为了表示蜗壳的几何尺寸，需要在蜗壳断面图与蜗壳平面图上标注相应的尺寸。在 AutoCAD.NET 二次开发中可利用线性标注、半径标注及角度标注进行标注，实现方法可参阅相应的程序。

5. 金属蜗壳设计程序流程

前面已介绍金属蜗壳的计算和单线图的绘制，下面介绍用 AutoCAD.NET 二次开发的程序流程，首先从输入界面输入水轮机的额定水头、流量、转轮直径及导叶相对高度，根据输入参数在数据库中检索座环和碟形边的参数。然后用插值求出蜗壳进口断面的流速系数、进口断面参数及蜗壳系数，计算出圆形断面参数、椭圆形断面参数。最后绘制蜗壳的断面图和平面图。程序流程图如图 6.11 所示。

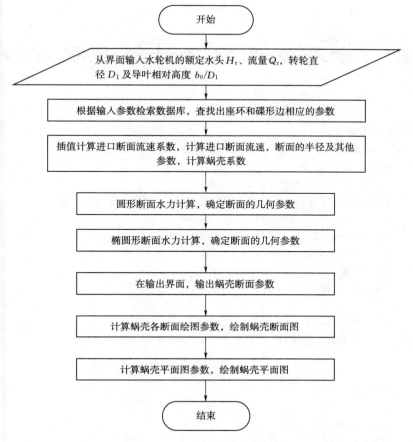

图 6.11　蜗壳计算程序流程图

执行程序，当输入参数 $D_1 = 4.5$m、$H_r = 130$m、$Q_r = 150$m³/s、$b_0/D_1 = 0.225$ 时，绘制的蜗壳断面图如图 6.12 所示，蜗壳平面图如图 6.13 所示。

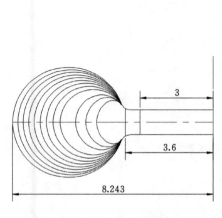

图 6.12　蜗壳断面图

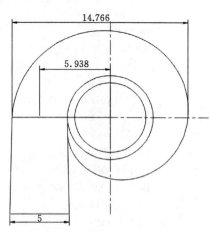

图 6.13　蜗壳平面图

附录 金属蜗壳水力计算源程序清单

```
//蜗壳水力计算部分
private void button1_Click(object sender, EventArgs e)
    {   int Ja, Jb;
        readdata();  //从数据库读取数据函数
        DD1 = Convert. ToDouble(text_D1. Text);      //从界面读取参数
        Hr = Convert. ToDouble(text_Hr. Text);
        Q = Convert. ToDouble(text_Qr. Text);
        B0 = Convert. ToDouble(text_b0. Text);
        BH = B0;
        for(int i=1; i<=14; i++)
        {
            I1 = i;
            if(Math. Abs(DD1-D1[i])<0. 0001)
            {
                break;
            }
        }
        RW1 = Rw[I1];
        HH1 = H1[I1];
        if (Hr > 170)
            Jb = 2;
        else
            Jb = 1;
        Ja = 0;
        for (int j = 1; j <= 4; j++)
        {
            Ja = j;
            if (Hr <= Ha[j])
                break;
        }
        DA1 = DA[I1, Ja];
        DB1 = DB[I1, Jb];   //DA1、DB1 座环参数
        BCM = B0 * DD1 + 0.015;
        PI = 3. 1415926;
        FI0 = 345;
        ALFA = PI * 55 / 180;
        H = BCM / 2 + K[I1] * Math. Tan(ALFA);
```

```
R0 = DA1 / 2 + K[I1];
RA = R0 - H /Math. Tan(ALFA);
L = H /Math. Sin(ALFA);
S = H /Math. Sin(PI / 2 - ALFA);
double[] h2 = { 20,60,100,140,180,220,280};
double[] kk = { 1,0.92,0.8,0.74,0.68,0.64,0.61};
for(int i=0;i<7;i++)
{
    H2[i + 1] = h2[i];
    KK[i + 1] = kk[i];
}
for(int i=1;i<=7;i++)
{
    if(H2[i]>Hr)
    {
        I0 = i -1;
        break;
    }
}
K0 = (KK[I0 + 1] - KK[I0]) / (H2[I0+1] - H2[I0]) * (Hr - H2[I0]) + KK[I0];
QJ = FI0 / 360 * Q;  //进口断面参数计算
VJ = K0 * Math. Sqrt(Hr);
FJ = QJ / VJ;
PJ =Math. Sqrt(FJ / PI);
AJ = R0 +Math. Sqrt(PJ * PJ - H * H);
RJ = AJ + PJ;
C = FI0 / (AJ - Math. Sqrt(AJ * AJ - PJ * PJ));
K1 = Q * C / (720 * PI);
//在窗体上输出参数及座环尺寸
System. Data. DataTable dt1 = new System. Data. DataTable();
dt1. Columns. Add(" 序号 ",typeof(System. Int32));
dt1. Columns. Add("转轮直径(m)",typeof(System. String));
dt1. Columns. Add("设计水头(m)",typeof(System. String));
dt1. Columns. Add("设计流量(m^3/s)",typeof(System. String));
dt1. Columns. Add("导叶相对高",typeof(System. String));
dt1. Columns. Add("  Da(m)  ",typeof(System. String));
dt1. Columns. Add("  Db(m)  ",typeof(System. String));
dt1. Columns. Add("  H(m)  ",typeof(System. String));
DataRow row1 = dt1. NewRow();
row1[0] = 1;
row1[1] = DD1. ToString("F3");
row1[2] = Hr. ToString("F3");
row1[3] = Q. ToString("F3");
row1[4] = BH. ToString("F3");
```

```
row1[5] = DA1. ToString("F3");
row1[6] = DB1. ToString("F3");
row1[7] = H. ToString("F3");
dt1. Rows. Add(row1);
dataGridView1. DataSource = dt1;
//在窗体上进口断面参数
System. Data. DataTable dt = new System. Data. DataTable();
dt. Columns. Add(" 序号 ",typeof(System. Int32));
dt. Columns. Add(" Q    ",typeof(System. String));
dt. Columns. Add(" QJ   ",typeof(System. String));
dt. Columns. Add(" C    ",typeof(System. String));
dt. Columns. Add(" K    ",typeof(System. String));
dt. Columns. Add(" VJ   ",typeof(System. String));
dt. Columns. Add(" FJ   ",typeof(System. String));
dt. Columns. Add(" PJ   ",typeof(System. String));
dt. Columns. Add(" AJ   ",typeof(System. String));
dt. Columns. Add(" RJ   ",typeof(System. String));
dt. Rows. Clear();
DataRow row = dt. NewRow();
row[0] = 1;
row[1] = Q. ToString("F3");
row[2] = QJ. ToString("F3");
row[3] = C. ToString("F3");
row[4] = K1. ToString("F3");
row[5] = VJ. ToString("F3");
row[6] = FJ. ToString("F3");
row[7] = PJ. ToString("F3");
row[8] = AJ. ToString("F3");
row[9] = RJ. ToString("F3");
dt. Rows. Add(row);
dataGridView2. DataSource = dt;
//圆形断面计算及输出
System. Data. DataTable dt2 = new System. Data. DataTable();
dt2. Columns. Add(" 序号 ",typeof(System. Int32));
dt2. Columns. Add("断面角度",typeof(System. String));
dt2. Columns. Add("圆形断面半径(m)",typeof(System. String));
dt2. Columns. Add("中心距 ai(m)",typeof(System. String));
dt2. Columns. Add("外轮廓最大半径 Ri(m)",typeof(System. String));
dt2. Rows. Clear();
for (int i = 0,j=0; i <= FI0 / 5;i++.)
{
    FI = FI0 -5 * i;
    XX1 = FI / C +Math. Sqrt(2 * R0 * FI / C - H * H);
    X[i] = XX1;
```

```
        P[i] = Math.Sqrt(XX1 * XX1 + H * H);
        A[i] = R0 + XX1;
        R[i] = A[i] + P[i];
        I0 = i;
        S = H /Math.Sin(PI / 2 - ALFA);
        if (P[i] < S)
            break;
        if(i/3 == i/3.0)
        {
            j = j + 1;
            DataRow row2 = dt2.NewRow();
            row2[0] = j;
            row2[1] = FI.ToString("F3");
            row2[2] = P[i].ToString("F3");
            row2[3] = A[i].ToString("F3");
            row2[4] = R[i].ToString("F3");
            dt2.Rows.Add(row2);
        }
    }
//椭圆形断面计算及输出
        dataGridView3.DataSource = dt2;
        System.Data.DataTable dt3 = new System.Data.DataTable();
        dt3.Columns.Add("序号",typeof(System.Int32));
        dt3.Columns.Add("断面角度",typeof(System.String));
        dt3.Columns.Add("椭圆形断面小半径(m)",typeof(System.String));
        dt3.Columns.Add("椭圆形断面大半径(m)",typeof(System.String));
        dt3.Columns.Add("中心距 ai(m)",typeof(System.String));
        dt3.Columns.Add("外轮廓最大半径 Ri(m)",typeof(System.String));
        dt3.Rows.Clear();
        for (int i = I0,j=0; i <= FI0 / 5;i++)
        {
            FI = FI0 -5 * i;
            if (FI == 0) FI = 0.001;
            double D = DA1 / 2 -RA;
            PP = FI / C * (Math.Sqrt(1 / (Math.Tan(ALFA) * Math.Tan(ALFA)) +
            2 * RA * C / FI) + 1 / Math.Sin(ALFA));
            double Area = PI * PP * PP + D * D * Math.Tan(ALFA);
            F[i] = Area;
            P2[i] = Math.Sqrt(Area * 1.045 + 0.81 * L * L) -1.348 * L;
            P1[i] = L + P2[i] -P2[i] /Math.Tan(ALFA);
            A[i] = 1.22 * P2[i] + RA;
            R[i] = A[i] + P1[i];
            if (P2[i] < 0) P2[i] = 0;
```

```
        if(FI==0.001)
        {
            FI = 0;
            R[i] = DA1 / 2;
        }
        if (i / 3 == i / 3.0)
        {
            j = j + 1;
            DataRow row3 = dt3. NewRow();
            row3[0] = j;
            row3[1] = FI. ToString("F3");
            row3[2] = P2[i]. ToString("F3");
            row3[3] = P1[i]. ToString("F3");
            row3[4] = A[i]. ToString("F3");
            row3[5] = R[i]. ToString("F3");
            dt3. Rows. Add(row3);
        }
    }
    dataGridView4. DataSource = dt3;
    button2. Enabled =true;

}

//蜗壳断面图的绘制
private void button2_Click(object sender, EventArgs e)
{
    double[] DY1 = { 0,0.3,0.4,0.5,0.6,0.7,0.8,0.9,1,1.1,1.2,1.3,1.4,1.5,1.6,
                    1.8,2,2.25,2.8,3.0,3.2,3.5,4,4.5,5,6,7,8,9,10 };
    int I2=0;
    if (PJ * 2 < DY1[1] || PJ * 2 > DY1[26])
        DG =Math. Floor(Math. Sqrt(Q) / QJ * PJ * 2 + 0.5);
    else
    {
        for (int i = 1; i <= 26; i++)
            if (PJ * 2 < DY1[i])
            {
                    I2 = i;
                    break;
            }
        DG = DY1[I2];
    }
    DY = RW1 + BCM / 2 - H;
    RC[0] = RW1;
    DX =Math. Sqrt(RW1 * RW1 - DY * DY);
```

```
CX[0] = -(R0 - DX);
CY[0] = (0.5 * BCM + RW1);
BATA = Math. Atan(DY / DX);
XT1[0] = Math. PI + BATA;
XT2[0] = Math. PI * 1.5;
CX[1] = CX[0]; CY[1] = -CY[0]; XT1[1] = Math. PI / 2; XT2[1] = Math. PI - BATA;
RC[1] = RC[0];
X1[0] = CX[0]; Y1[0] = 0.5 * BCM; X2[0] = 0; Y2[0] = Y1[0];
X1[1] = X1[0]; Y1[1] = -Y1[0]; X2[1] = 0; Y2[1] = Y1[1];
X1[2] = -0.5 * DA1; Y1[2] = CY[0] - Math. Sqrt(RW1 * RW1 - (DA1 / 2 + CX[0]) *
(DA1 / 2 + CX[0]));
X2[2] = X1[2]; Y2[2] = -Y1[2];
X1[3] = -0.5 * DB1; Y1[3] = 0.5 * BCM;
X2[3] = X1[3]; Y2[3] = -0.5 * BCM;
Document acDoc =
Autodesk. AutoCAD. ApplicationServices. Application. DocumentManager. MdiActiveDocument;
Database db = HostApplicationServices. WorkingDatabase;
using (Transaction trans = db. TransactionManager. StartTransaction())
{
    Point3d[] point1 = new Point3d[20];
    point1[0] = new Point3d(CX[0], CY[0], 0);
    point1[1] = new Point3d(CX[1], CY[1], 0);
    Arc zarc1 = new Arc(point1[0], RC[0], XT1[0], XT2[0]);
    Arc zarc2 = new Arc(point1[1], RC[1], XT1[1], XT2[1]);
    db. AddToModelSpace(zarc1, zarc2);
    point1[2] = new Point3d(X1[0], Y1[0], 0);
    point1[3] = new Point3d(X2[0], Y2[0], 0);
    Line line1 = new Line(point1[2], point1[3]);
    point1[4] = new Point3d(X1[1], Y1[1], 0);
    point1[5] = new Point3d(X2[1], Y2[1], 0);
    Line line2 = new Line(point1[4], point1[5]);
    point1[6] = new Point3d(X1[2], Y1[2], 0);
    point1[7] = new Point3d(X2[2], Y2[2], 0);
    Line line3 = new Line(point1[6], point1[7]);
    point1[8] = new Point3d(X1[3], Y1[3], 0);
    point1[9] = new Point3d(X2[3], Y2[3], 0);
    Line line4 = new Line(point1[8], point1[9]);
    db. AddToModelSpace(line1, line2, line3, line4);
    point1[10] = new Point3d(-RJ, 0, 0);
    point1[11] = new Point3d(0, 0, 0);
    Line Centerline1 = new Line(point1[10], point1[11]);
    ObjectId centerId = db. LoadLineType("Center");
    if (centerId != null) Centerline1. LinetypeId = centerId;
```

```
                Centerline1. LinetypeScale ＝50;
                Centerline1. Color ＝Autodesk. AutoCAD. Colors. Color. FromRgb(255,0,0);
                point1[12] ＝new Point3d(0,1. 2 * PJ,0);
                point1[13] ＝new Point3d(0,-1. 2 * PJ ,0);
                Line Centerline2 ＝ new Line(point1[12],point1[13]);
                if (centerId ! ＝ null) Centerline2. LinetypeId ＝ centerId;
                Centerline2. LinetypeScale ＝ 50;
                Centerline2. Color ＝ Autodesk. AutoCAD. Colors. Color. FromRgb(255,0,0);
                db. AddToModelSpace(Centerline1,Centerline2);
                trans. Commit();
            }
        //圆形断面绘图参数计算
            int J0 ＝ 0;
            for(int j＝0;j＜＝I0;j＝j+5)
            {
                J0 ＝ J0 ＋ 1;
                RC[J0] ＝ P[j];
                CX[J0] ＝ - A[j];
                CY[J0] ＝ 0;
                double beta ＝ Math. Atan(H / X[j]);
                XT1[J0] ＝ beta;
                XT2[J0] ＝Math. PI * 2 - beta;
            }
            Point3d[] Cpoint1 ＝ new Point3d[30];
            Arc[] arc1 ＝ new Arc[30];

            using (Transaction trans ＝ db. TransactionManager. StartTransaction())
            {
                for(int j＝1;j＜＝J0;j＋＋)
                {
                    Cpoint1[j] ＝new Point3d(CX[j] ,CY[j] ,0);
                    arc1[j] ＝new Arc(Cpoint1[j],RC[j] ,XT1[j],XT2[j]);
                    db. AddToModelSpace(arc1[j]);
                }
                trans. Commit();
            }
        //椭圆形断面绘图参数计算
            Point3d[] Cpoint2 ＝ new Point3d[20];
            Arc[] arc2 ＝ new Arc[20];
            J0 ＝ 0;
            for(int j＝I0+5;j＜＝(FI0-5)/5;j＝j+5)
            {
                J0 ＝ J0 ＋ 1;
```

```
                RC[J0] = P1[j]; CX[J0] = - A[j]; CY[J0] = 0;
                XT1[J0] =Math. PI -55 * Math. PI / 180; XT2[J0]=Math. PI + 55 * Math. PI / 180;
        }
        using (Transaction trans = db. TransactionManager. StartTransaction())
        {
                for (int j = 1; j < J0; j++)
                {
                        Cpoint2[j] =new Point3d(CX[j] ,CY[j] ,0);
                        arc2[j] = new Arc(Cpoint2[j],RC[j] ,XT1[j],XT2[j]);
                        db. AddToModelSpace(arc2[j]);
                }
                trans. Commit();
        }
}
Point3d[] Cpoint3 = new Point3d[20];
Arc[] arc3 = new Arc[20];
J0 = 0;
for (int j = I0 + 5; j <= (FI0 -5) / 5; j = j + 5)
{
        J0 = J0 + 1;
        RC[J0] = P2[j];
        CX[J0] =-(P1[j] -P2[j]) * Math. Cos(55 * Math. PI / 180) -A[j] ;
        CY[J0] = (P1[j] -P2[j]) * Math. Sin(55 * Math. PI / 180);
        XT1[J0] = Math. PI -(55+90) * Math. PI / 180; XT2[J0] = Math. PI -55 * Math. PI / 180;
}
using (Transaction trans = db. TransactionManager. StartTransaction())
{
        for (int j = 1; j < J0; j++)
        {
                Cpoint3[j] = new Point3d(CX[j] ,CY[j] ,0);
                arc3[j] = new Arc(Cpoint3[j],RC[j] ,XT1[j],XT2[j]);
                db. AddToModelSpace(arc3[j]);
        }
        trans. Commit();
}
Point3d[] Cpoint4 = new Point3d[20];
Arc[] arc4 = new Arc[20];
J0 = 0;
for (int j = I0 + 5; j <= (FI0 -5) / 5; j = j + 5)
{
        J0 = J0 + 1;
        RC[J0] = P2[j];
        CX[J0] = -(P1[j] -P2[j]) * Math. Cos(55 * Math. PI / 180) -A[j];
        CY[J0] = -(P1[j] -P2[j]) * Math. Sin(55 * Math. PI / 180);
```

```
        XT1[J0] = Math. PI+55 * Math. PI/180;XT2[J0]=Math. PI+(55+90) * Math. PI/180;
}
using (Transaction trans = db. TransactionManager. StartTransaction())
{
    for (int j = 1; j < J0; j++)
    {
        Cpoint4[j] = new Point3d(CX[j] ,CY[j] ,0);
        arc4[j] = new Arc(Cpoint4[j],RC[j] ,XT1[j],XT2[j]);
        db. AddToModelSpace(arc4[j]);
    }
    trans. Commit();
}
Database acCurDb = acDoc. Database;          //尺寸标注
    using (Transaction acTrans = acCurDb. TransactionManager. StartTransaction())
    {
        BlockTable acBlkTbl;
        acBlkTbl = acTrans. GetObject(acCurDb. BlockTableId,
                                OpenMode. ForRead) as BlockTable;
        BlockTableRecord acBlkTblRec;
        acBlkTblRec = acTrans. GetObject(acBlkTbl[BlockTableRecord. ModelSpace],
                                OpenMode. ForWrite) as BlockTableRecord;
        using (RotatedDimension acRotDim = new RotatedDimension())
        {
            acRotDim. XLine1Point =new Point3d(X1[3],Y1[3],0);
            acRotDim. XLine2Point =new Point3d(X2[0],Y2[0],0);
            acRotDim. DimLinePoint =new Point3d((X1[3]+X2[0])/2,Y1[3]+0.5,0);
            acRotDim. DimensionStyle = acCurDb. Dimstyle;
            acBlkTblRec. AppendEntity(acRotDim);
            acTrans. AddNewlyCreatedDBObject(acRotDim,true);
        }
        using (RotatedDimension acRotDim = new RotatedDimension())
        {
            acRotDim. XLine1Point =new Point3d(X2[2],Y2[2],0);
            acRotDim. XLine2Point =new Point3d(X2[1],Y2[2],0);
            acRotDim. DimLinePoint =new Point3d((X2[2] + X2[0]) / 2,Y2[2] -0.7,0);
            acRotDim. DimensionStyle = acCurDb. Dimstyle;
            acBlkTblRec. AppendEntity(acRotDim);
            acTrans. AddNewlyCreatedDBObject(acRotDim,true);
        }
        using (RotatedDimension acRotDim = new RotatedDimension())
        {
            acRotDim. XLine1Point = new Point3d((- A[0]-P[0]),0,0);
            acRotDim. XLine2Point = new Point3d(X2[1],Y2[1],0);
```

```
            acRotDim. DimLinePoint = new Point3d(((- A[0]-P[0])+X2[0])/2,-P[0]-0.7,0);
            acRotDim. DimensionStyle = acCurDb. Dimstyle;
            acBlkTblRec. AppendEntity(acRotDim);
            acTrans. AddNewlyCreatedDBObject(acRotDim,true);
          }
          acTrans. Commit();
      }
      acDoc. SendStringToExecute("zoom \r all ",true,false,false);
      button3. Enabled =true;
      button2. Enabled =false;
 }
```

//平面图的绘制

```
    private void button3_Click(object sender,EventArgs e)
    {
      Document acDoc =
    Autodesk. AutoCAD. ApplicationServices. Application. DocumentManager. MdiActiveDocument;
        double[] XX = new double[70];
        double[] YY = new double[70];
        int I0 = 0;
        for(int i=0;i<=FI0/5;i++)
        {
            I0 = I0 + 1;
            FI = i * 5 * Math. PI / 180;
            XX[i] = -R[i] * Math. Cos(FI);
            YY[i] = R[i] * Math. Sin(FI);
        }
        Database db= HostApplicationServices. WorkingDatabase;
        using (Transaction trans = db. TransactionManager. StartTransaction())
        {
            Point3d[] point1 = new Point3d[3];
            Point3d[] point2 = new Point3d[3];
            Line[] line1 = new Line[2];
            point1[0] =new Point3d(-R[0] ,0,0);
            point2[0] =new Point3d(R[0] ,0,0);
            line1[0] =new Line(point1[0],point2[0]);
            ObjectId centerId = db. LoadLineType("Center");
            if (centerId ! = null) line1[0]. LinetypeId = centerId;
            line1[0]. LinetypeScale = 50;
            line1[0]. Color = Autodesk. AutoCAD. Colors. Color. FromRgb(255,0,0);
            point1[1] =new Point3d(0,-R[0],0);
            point2[1] =new Point3d(0,R[0] ,0);
            line1[1] =new Line(point1[1],point2[1]);
            if (centerId ! = null) line1[1]. LinetypeId = centerId;
```

```
        line1[1]. LinetypeScale = 50;
        line1[1]. Color = Autodesk. AutoCAD. Colors. Color. FromRgb(255,0,0);
        db. AddToModelSpace(line1[0],line1[1]);
        point1[2] = new Point3d(0,0,0);
        double RC1 = DA1 / 2 ;
        double RC2 = DB1 / 2 ;
        Circle circle1 = new Circle();
        circle1. Center=point1[2];   circle1. Radius=RC1;
        Circle circle2 = new Circle();
        circle2. Center = point1[2];   circle2. Radius = RC2;
        db. AddToModelSpace(circle1,circle2);
        trans. Commit();
    }
using (Transaction trans = db. TransactionManager. StartTransaction())
{
    Point3d[] point1 = new Point3d[70];
    Point3d[] point2 = new Point3d[70];
    Line[] line1 = new Line[70];
    for (int i = 0; i <= I0 -2;i++ )
    {
        point1[i] = new Point3d(XX[i] ,YY[i],0);
        point2[i] = new Point3d(XX[i + 1] ,YY[i + 1] ,0);
        line1[i] = new Line(point1[i],point2[i]);
        db. AddToModelSpace(line1[i]);
    }
    trans. Commit();
}
X1[1] = -R[0]; Y1[1] = 0;
X2[1] = -A[0] -DG / 2; Y2[1] = -R[0];
X1[2] = X2[1]; Y1[2] = Y2[1];
X2[2] = X1[2] + DG; Y2[2] = Y1[2];
X1[3] = X2[2]; Y1[3] = Y2[2];
X2[3] = -DA1 / 2 ;
Y2[3] =-((0. 5 * BCM + RW1) -Math. Sqrt(RW1 * RW1 -(DA1 / 2 + CX[0]) *
        (DA1 / 2 + CX[0])));
using (Transaction trans = db. TransactionManager. StartTransaction())
{
    Point3d[] point1 = new Point3d[5];
    Point3d[] point2 = new Point3d[5];
    Line[] line1 = new Line[5];
    for (int i = 1; i <=3; i++)
    {
        point1[i] = new Point3d(X1[i] ,Y1[i] ,0);
```

```
        point2[i] = new Point3d(X2[i] ,Y2[i] ,0);
        line1[i] = new Line(point1[i],point2[i]);
        db. AddToModelSpace(line1[i]);
    }
    trans. Commit();
}
//尺寸标注
Database acCurDb = acDoc. Database;
using (Transaction acTrans = acCurDb. TransactionManager. StartTransaction())
{
    BlockTable acBlkTbl;
    acBlkTbl = acTrans. GetObject(acCurDb. BlockTableId,
                                    OpenMode. ForRead) as BlockTable;
    BlockTableRecord acBlkTblRec;
    acBlkTblRec = acTrans. GetObject(acBlkTbl[BlockTableRecord. ModelSpace],
                                    OpenMode. ForWrite) as BlockTableRecord;
    using (RotatedDimension acRotDim = new RotatedDimension())
    {
        acRotDim. XLine1Point = new Point3d(-A[0],0,0);
        acRotDim. XLine2Point = new Point3d(0,0,0);
        acRotDim. DimLinePoint = new Point3d(-A[0] / 2,DA1/2 + 0.5,0);
        acRotDim. DimensionStyle = acCurDb. Dimstyle;
        acBlkTblRec. AppendEntity(acRotDim);
        acTrans. AddNewlyCreatedDBObject(acRotDim,true);
    }
    using (RotatedDimension acRotDim = new RotatedDimension())
    {
        acRotDim. XLine1Point = new Point3d(X2[1],Y2[1],0);
        acRotDim. XLine2Point = new Point3d(X2[2],Y2[2],0);
        acRotDim. DimLinePoint = new Point3d((X2[1] + X2[2]) / 2,Y2[2] -0.7,0);
        acRotDim. DimensionStyle = acCurDb. Dimstyle;
        acBlkTblRec. AppendEntity(acRotDim);
        acTrans. AddNewlyCreatedDBObject(acRotDim,true);
    }
    using (RotatedDimension acRotDim = new RotatedDimension())
    {
        acRotDim. XLine1Point = new Point3d(-R[0] ,0,0);
        acRotDim. XLine2Point = new Point3d(R[12 * 3],0,0);
        acRotDim. DimLinePoint = new Point3d(0,R[6 * 3] +0.7,0);
        acRotDim. DimensionStyle = acCurDb. Dimstyle;
        acBlkTblRec. AppendEntity(acRotDim);
        acTrans. AddNewlyCreatedDBObject(acRotDim,true);
    }
```

```
        acTrans. Commit();
    }
    acDoc. SendStringToExecute("zoom \r all ",true,false,false);
    button3. Enabled ＝false;
}
}
}

    //退出程序
    private void button4_Click(object sender,EventArgs e)
    {
        this. Close();
    }
```

参 考 文 献

［1］ 袁泽虎，等．计算机辅助设计［M］．北京：清华大学出版社，2012.

［2］ 袁泽虎，等．计算机辅助设计与制造［M］．北京：中国水利水电出版社，2011.

［3］ 唐承统，等．计算机辅助设计与制造［M］．北京：北京理工大学出版社，2008.

［4］ 崔宏斌，等．计算机辅助设计基础及应用［M］．2版．北京：清华大学出版社，2004.

［5］ 张友龙．中文版 AutoCAD2013 高手之道［M］．北京：人民邮电出版社，2013.

［6］ 张莹，等．AutoCAD2014 中文版从入门到精通［M］．北京：中国青年出版社，2014.

［7］ 程绪琦，等．AutoCAD2014 中文版标准教程［M］．北京：电子工业出版社，2014.

［8］ 张岩．Access2010 数据库应用案例教程［M］．北京：科学出版社，2017.

［9］ 曾洪飞，等．AutoCAD VBA&VB. NET 开发基础与实例教程［M］．北京：中国电力出版社，2013.

［10］ 李冠亿．深入浅出 AutoCAD. NET 二次开发教程［M］．北京：中国建筑工业出版社，2012.

［11］ 秦洪现，等．Autodesk 系列产品开发培训教程［M］．北京：化学工业出版社，2008.

［12］ Karli Watson，等．C♯入门经典［M］．北京：清华大学出版社，2008.

［13］ 张帆，等．AutoCAD VBA 二次开发［M］．北京：清华大学出版社，2006.

［14］ 刘大凯．水轮机［M］．北京：中国水利水电出版社，1997.

［15］ 水电站机电设计手册编写组．水电站机电设计手册水力机械［M］．北京：水利电力出版社，1989.

［16］ 朱云，等．基于 VC＋＋的一种水轮机金属蜗壳的计算机辅助设计方法［J］．陕西水力发电，2001，17（1）：19－22.

［17］ 郭凤台，等．基于 VBA 的水轮机金属蜗壳计算程序的开发［J］．人民长江，2009，40（16）40－42.

［18］ 陈德新，等．水电站动力设备的计算机辅助设计［M］．北京：水利电力出版社，1991.

［19］ 郑源，陈德新，等．水轮机［M］．北京：中国水利水电出版社，2011.